Michael Allner

CAMPER VANS

Was man über Kastenwagen als Wohnmobile wissen muss

Motor buch Verlag

IMPRESSUM

Einbandgestaltung: Luis dos Santos

ISBN: 978-3-613-04443-2

1. Auflage 2022

Sie finden uns im Internet unter WWW.MOTORBUCH-VERLAG.DE

Lektorat: Joachim Kuch
Innengestaltung: Markus Köllmann, tebitron gmbh
Druck und Bindung: Graspo CZ, 76302 Zlín
Printed in Czech Republic

INHALT

VORWORT

Welches ist das leckerste Essen? Wie heißt der beste Urlaubsort der Welt? Welche ist die schönste Farbe?

Logisch, auf diese Fragen kann es keine allgemeingültigen Antworten geben – zu unterschiedlich sind die Geschmäcker. Genauso verhält es sich mit: Welches ist der beste Camper Van?

Gegenfragen: Soll es ein Fiat, Citroën, Peugeot, Mercedes oder VW sein? Wie soll die Karosserie ausgelegt sein: lang, mittel oder möglichst kurz? Wie hoch: H2- oder H3-Dach? Quer- oder Längsschläfer? Raum- Fest- oder Heckbad? Küche mit Absorber- oder Kompressor-Kühlschrank? Gas- oder Dieselheizung? Aufgelastet oder lieber nicht? Welche Batterie-Kapazität? AGM-, Gel- oder Lithium-Ionen-Batterie? Solaranlage – und wenn ja, mit wie viel Watt? Fragen über Fragen – und das sind längst noch nicht alle, die sich vor einer Anschaffung eines Camper Vans stellen.

Dieses Buch soll die Antworten liefern. Und zwar so, dass sich jeder Interessierte aus diesen Informationen sein ganz persönliches Lieblings-Wohnmobil zusammenstellen kann. Natürlich auch, um später darin das leckerste Essen am besten Urlaubsort der Welt genießen zu können. Natürlich gekleidet in seiner Lieblingsfarbe.

Viel Spaß beim Lesen
Viel Erfolg bei der Suche und beim Kauf
Und ganz viel Spaß beim Reisen

Michael Allner

EIN LIEFERWAGEN ALS WOHNMOBIL

Auf den ersten Blick wirkt es nur wie ein Kompromiss, einen Lieferwagen zu einem Wohnmobil auszubauen. Zum Beispiel steht bei der Konstruktion eines Lieferwagens der Aspekt Fahrkomfort sicher nicht an erster Stelle. Daher kann das Fahrwerk eines Kastenwagens mit seinen Blattfedern an der Hinterachse nicht mit dem Komfort eines Pkw mithalten. Auch ist es während der Fahrt im Innenraum lauter.

Doch der zweite Blick macht klar: Der ist ja wie gemacht dafür. Für Lieferwagen ist zum Beispiel ein großer und gut zugänglicher Laderaum wichtig – darüber freut sich auch der Besitzer eines Wohnmobils. Durch die Beladungsmöglichkeit über die beiden Hecktüren beispielsweise kann man mit seinem Wohnmobil sehr lange Gegenstände transportieren. Die Betten lassen sich hochklappen oder komplett ausbauen. Dadurch entsteht ein Ladevolumen, mit dem sich vom Abtransport des Grünmülls bis hin zum mittelgroßen Umzug alles bewerkstelligen lässt.

Durch die große seitliche Schiebetür kommt, wenn gewünscht, viel Frischluft ins Innere. Andererseits kann Kochdunst nach außen entweichen, und wenn die Köchin oder der Koch nicht zu lang gewachsen ist, kann sie oder er beim Brutzeln die Aussicht ins Freie genießen. Vom Bett aus bietet

Pössl Roadcruiser

Alles an Bord: In einem Kastenwagen lässt sich ein kompletter Wohnraum unterbringen.

Zurück zu den Wurzeln: Mit wenigen Handgriffen wird aus dem Wohnmobil wieder ein praktischer Lieferwagen.

sich auf Wunsch durch die geöffneten Hecktüren ein Panoramablick.

Die Ansprüche von Handwerkern und Lieferdiensten an das Raumangebot ihrer Fahrzeuge sind sehr unterschiedlich, entsprechend groß ist das Angebot von unterschiedlichen Karosserievarianten der Fahrzeughersteller. Dies ermöglicht den Kastenwagen-Ausbauern im Gegensatz zu allen anderen Wohnmobil-Bauformen, ähnliche Modelle mit unterschiedlichen Dach- und damit Stehhöhen anzubieten.

Weitere Vorteile: Dank der durchgehenden Blechkarosserie kann es nicht zu Undichtigkeiten zwischen Fahrerhaus und Wohnraum kommen. Außerdem kann man Kastenwagen in sehr vielen Karosseriefarben bestellen, während sonst die vorherrschende Farbe von Wohnmobilen Weiß ist.

Mit einem mindestens 2,60 Meter hohen Kastenwagen passt man zwar in kein Parkhaus mehr, dennoch lässt sich solch ein Wohnmobil mit 6 oder 6,36 Meter Länge zumindest für Bewohner des ländlichen Raums noch als Alltagsfahrzeug ver-

Blick raus, Kochdunst raus: Die Anordnung der Küchenzeile, die halb in den Ausschnitt für die Schiebetür ragt, hat sich bewährt.

wenden. Beim Supermarkt muss man dann eben in einer abgelegenen Ecke des Parkplatzes parken. Woher die Bezeichnung »Kastenwagen« kommt, kann man übrigens sofort mit einem Blick auf das Fahrzeugheck erkennen. Der Name ist zwar treffend, aber nicht besonders schmeichelhaft. Daher bezeichnen sehr viele Hesteller ihre ausgebauten Kastenwagen als »Camper Van«, manche als »CUV« (»Caravaning Utility Vehicle«), sogar »Microliner« sind in dieser Kategorie zu finden

Schotten auf: weiter Blick aus dem Schlafzimmer.

DER KASTEN

In Katalogen, Kleinanzeigen und Verkaufsportalen im Internet finden sich zusätzlich zur Modellbezeichnung von Kastenwagen häufig so geheimnisvolle Angaben wie »L2H2«. Das hat nichts mit dem kleinen Droiden »R2D2« aus dem Film »Star Wars« zu tun, sondern bezeichnet die Länge und Höhe des Fahrzeugs.

Alle Fahrzeughersteller bieten ihre Kastenwagen in verschiedenen Längen an. Die kürzeste Variante L1 ist um die fünf Meter lang – für den Wohnmobilausbau wird diese Länge nur sehr selten verwendet. Die überwiegende Mehrheit der Kastenwagen-Ausbauten findet man in den Längen L2, L3 und L4. Da Fiat noch eine weitere Karosserielänge mit 6,09 Meter als Pritschenwagen im Angebot hat, heißt hier die längste Karosserie bei den Kastenwagen L5.

Die Varianten L1, L2 und L3 haben jeweils einen unterschiedlich großen Abstand der Achsen – ein Maß, das der Fachmann als »Radstand« bezeichnet. Wichtig zu wissen: Je länger der Radstand, desto größer der Wendekreis und desto mehr Kurbeln beim Rangieren. Wenn einem Kastenwagen mit dem Radstand von 3,45 Meter (Fahrzeuglänge 5,41 Meter) noch ein Bordsteinabstand von 12,3 Meter genügt, um in einem Zug auf der Straße zu wenden, braucht der eine Nummer längere Radstand von 4,03 Meter (Fahrzeuglänge

Pössl Vario 499

Sehr kurz: Nur fünf Meter lang, dafür mit aufgesetztem GfK-Dach 312 Zentimeter hoch.

Knaus Boxstar Lifetime XL

Beliebte Länge: Sechs Meter, mit aufgesetztem GfK-Dach ebenfalls 312 Zentimeter hoch.

5,99 Meter) dafür schon 14,1 Meter, also fast zwei Meter mehr. Bei der L4-Ausführung wird der Längenzuwachs durch einen nach hinten verlängerten Rahmen erzielt; der Radstand bleibt gleich, der Wendekreis vergrößert sich dadurch nicht.

Auch bei der Fahrzeughöhe gibt es Auswahl. H1 bezeichnet die mit rund 2,20 oder 2,30 Meter niedrigste Fahrzeughöhe im Programm – mit einer Innenhöhe von nur rund 1,70 Meter ist diese Variante für einen Wohnmobilausbau nicht geeignet. Die mittlere Höhe H2 des Basisfahrzeugs beträgt rund 2,50 Meter, die Innenhöhe von 1,90 bis knapp zwei Meter reicht den meisten zum aufrechten Stehen – schließlich sind deutsche

Dreamer Camper Van XL

Mehr geht bei Fiat und Konsorten nicht: 6,36 Meter lang und 2,76 Meter hoch mit GfK-Hutze.

Pössl 2Win

Beliebteste Karosserievariante: sechs Meter lang mit Hochdach (H2) auf Fiat Basis.

Pössl Roadcruiser XL

Viel Stehhöhe ohne GfK-Aufbau: Superhochdach (H3) in längster Länge auf Fiat Basis.

Reichhaltiges Angebot (hier bei Fiat, Citroën und Peugeot): vier Längen und drei Höhen.

Mit Allradantrieb: sechs Meter
lang auf Basis Mercedes-Benz.

Hymer Grand Canyon S Cross Over

Männer durchschnittlich 1,78 Meter lang. Wer zu den vier Prozent der Deutschen gehört, die mehr als 1,90 Meter messen, und nicht willens ist, ausschließlich mit demütig gesenktem Kopf in seinem Wohnmobil umherzuschleichen, muss zu einem Fahrzeug mit Superhochdach (H3) greifen. Dann bietet sich auch dem Langgewachsenen eine komfortable Stehhöhe von mindestens 2,10 Meter. Noch mehr in die Höhe kann es nur mit einem aufgesetzten GfK-Dach gehen; hier sind über 3,10 Meter Fahrzeughöhe und bis zu 2,45 Meter Stehhöhe möglich. Für besonders lange Menschen muss dann aber auch zumindest eins der beiden Betten lang genug sein.

Karosserie-Varianten der Basisfahrzeuge	L1	L2	L3[1]	L4[1]	H1	H2	H3	Breite
Fiat Ducato, Citroën Jumper, Peugeot Boxer	4963	5413	5998	6363	2254 / 1662[2]	2522 / 1932	2760 / 2172	2050
Mercedes-Benz Sprinter	5267	5932	6967	7367	2356 / 1789	2638 / 2079	2831 / 2243	1993
VW Crafter, MAN TGE	k. A.[3]	5986	6836	7391	2355 / 1726	2590 / 1961	2798 / 2196	2040
Ford Transit	k. A.[3]	5531	5981	6704	k. A.[3]	2533 / 1886	2767 / 2125	2059
Renault Master	5075	5575	6225	6875	2290 / 1700	2481 / 1894	2764 / 2048	2070

alle Maße in Millimeter; [1]bei Fiat Ducato L4 und L5; [2]Fahrzeughöhe / Stehhöhe; [3]kein Angebot

Ford Big Nugget

Auf Ford Basis: sechs Meter lang mit Superhochdach.

Ultralang: 6,83 Meter Länge mit Superhochdach auf VW Basis.

Abseits der Straße: Auch Ford bietet einen allradgetriebenen Kastenwagen als Ausbaubasis an.

Carado CV 640

Rechteckig: Beim Blick auf den Querschnitt wird klar, warum das ein »Kastenwagen« ist.

DAS FABRIKAT

Die meisten ausgebauten Kastenwagen sind exakt 5,41, 5,99 und 6,36 Meter lang. Warum das? Weil die Basisfahrzeuge überwiegend von Fiat, Citroën oder Peugeot stammen.

Die frontgetriebenen Transporter von Fiat, Citroën und Peugeot unterscheiden sich lediglich durch das Logo am Frontgrill und auf dem Lenkrad. Bei den Motoren allerdings geht Fiat eigene Wege: Die aktuellen Ducato können mit einem 2,3-Liter Dieselmotor als 120 Multijet (88 kW), 140 Multijet (103 kW), 160 Multijet (117 kW) oder 180 Multijet (131 kW) bestellt werden. Für Citroën und Peugeot stehen 2,2-Liter-Dieselmotoren in den Leistungsstufen BlueHDI 120 (88 kW), BlueHDI 140 (103 kW) oder BlueHDI 165 (121 kW) zur Verfügung. Der Ducato bietet bis auf die mittlere Leistungsstufe ein etwas höheres maximales Drehmoment als der Jumper oder Boxer.

Bei vielen Wohnmobil-Anbietern hat man die Wahl, ob ein Fiat oder ein Citroën beziehungsweise Peugeot als Basis für den Ausbau dienen soll. Obwohl der Ducato rund einen Tausender mehr kostet, liegt er in der Käufergunst vorn. Den zweiten Platz (mit steigender Tendenz) belegt Citroën, Peugeot bildet das Schlusslicht.

Seit 2020 ist der Fiat Ducato erstmals mit einem Neungang-Wandler-Automatikgetriebe (»9Speed«) verfügbar. Außerdem finden sich in der Liste der Sonderausstattungen nun zum Beispiel Totwinkel-, Spurhalte- oder Notbremsassistent. Die gibt es für den Citroën und Peugeot zwar auch, doch ein Automatikgetriebe sucht man in deren Aufpreisliste vergeblich. Im Gegensatz zum Fiat eine Sitzheizung übrigens auch.

Als Fiat seinen Ducato zum Modelljahr 2020 überarbeitete, entfiel die Allradvariante, die mit Hilfe der Firma Dangel produziert wurde. Wer heute einen allradgetriebenen Kastenwagen aus Sevel sucht, wird stattdessen bei Citroën fündig.

Anfang 2021 fusionierten der Fiat-Chrysler Konzern mit der Peugeot-Citroën-Gruppe (PSA) zu dem viertgrößten Automobilkonzern der Welt

MOTOREN UND ANTRIEBE DER BASISFAHRZEUGE FÜR KASTENWAGEN

Basisfahrzeug	Motorisierung					Antrieb	Automatik
Fiat Ducato	**120 Multijet** 88 kW (120 PS) 320 Nm ab 1400/min	**140 Multijet** 103 kW (140 PS) 350 Nm ab 1400/min	**160 Multijet** 117 kW (160 PS) 380 Nm ab 1500/min	**180 Multijet** 131 kW (178 PS) 400 Nm ab 1500/min	./.	Front	Neungang gegen Aufpreis
Citroën Jumper / Peugeot Boxer	**HDI 120** 88 kW (120 PS) 310 Nm ab 1500/min	**HDI 140** 103 kW (140 PS) 350 Nm ab 1750/min	**HDI 165** 121 kW (165 PS) 370 Nm ab 1750/min	./.	./.	Front	nein
Mercedes-Benz Sprinter		**314 CDI** 105 kW (143 PS) 330 Nm ab 1200/min	**316 CDI** 120 kW (163 PS) 380 Nm ab 1400/min	./.	**319 CDI** 140 kW (190 PS) 440 Nm ab 1400/min	Heck; Allrad gegen Aufpreis	Sebengang gegen Aufpreis
VW Crafter / MAN TGE	**2,0 TDI** 90 kW (122 PS) 300 Nm ab 1400/min	**2,0 TDI** 103 kW (140 PS) 360 Nm ab 1500/min	./.	**2,0 TDI** 130 kW (177 PS) 410 Nm ab 1300/min	./.	Front; Allrad gegen Aufpreis	Achtgang Serie
Ford Transit Kastenwagen	**2,0 EcoBlue** 96 kW (130 PS) 360 Nm ab 1500/min	./.	./.	**2,0 EcoBlue** 125 kW (170 PS) 405 Nm ab 1600/min	**2,0 EcoBlue** 136 kW (185 PS) 415 Nm ab 1600/min	Front; Allrad gegen Aufpreis	Sechsgang gegen Aufpreis
Renault Master	./.	**dCi 135** 99 kW (135 PS) 360 Nm ab 1500/min	**dCi 150** 110 kW (150 PS) 385 Nm ab 1500/min	**dCi 180** 132 kW (180 PS) 400 Nm ab 1500/min	./.	Front	nein

Die markierten Motorisierungen werden nicht oder nur sehr selten für ausgebaute Kastenwagen verwendet.

»Stellantis«. Damit erreichen die bisherigen Wettbewerber Fiat, Citroën und Peugeot im Wohnmobilmarkt nun zusammen einen Anteil von rund 75 Prozent.

Wenn ein Wohnmobil-Anbieter etwas besonders Luxuriöses auf die Räder stellen möchte, greift er als Basis gern zum heckgetriebenen Sprinter von Mercedes-Benz in der 6967 Zentimeter langen Version. Der seit 2018 in der dritten Generation in Ludwigsfelde (Brandenburg) gebaute Transporter bietet im Extremfall 7,40 Meter Fahrzeuglänge und damit besonders viel Raum zur Gestaltung.

Ab Werk gibt es bei Mercedes-Benz eine große Auswahl von Motoren, in Kastenwagen spielen aber nur die 2,2-Liter-Vierzylinder-Diesel 314 CDI mit 105 kW (143 PS), der 316 CDI mit 120 kW (163 PS) und seltener der V6-Diesel 319 CDI mit 140 kW (190 PS) eine Rolle. Die erste Ziffer der Motorenbezeichnung steht übrigens für die zulässige Gesamtmasse des Fahrzeugs (hier die 3 für 3,5 Tonnen), die folgenden beiden zwei sind die ersten Ziffern der Motorleistung in PS.

Alle drei Motoren können gegen Aufpreis mit einem Siebengang-Automatikgetriebe oder mit Allradantrieb bestellt werden. Das seit 2018 für den Sprinter verfügbare Neunganggetriebe gibt es nur für die neuen Modelle mit Frontantrieb, die als Basis für ausgebaute Kastenwagen aber keine Rolle spielen.

Im Fahrkomfort kommt ein Sprinter dem eines Pkw recht nah, auch die bestellbaren Assistenzsysteme liegen auf Pkw-Niveau. Mit seinem modernen Multimediasystem mit Touchscreen-Steuerung und der intuitiven Sprachsteuerung lässt er sogar manchen Pkw alt aussehen.

Der größte Abnehmer für den Volkswagen Crafter als Wohnmobilbasis ist Volkswagen selbst, nämlich für die beiden Modelle VW Grand California 600 und 680. Als Antrieb steht ausschließlich ein Zweiliter-Vierzylinder-Dieselmotor mit 130 kW (177 PS) zur Verfügung. Optional gibt es dagegen einen Allradantrieb. In Sachen Fahrkomfort und Angebot an Assistenzsystemen ist der Crafter mit dem Sprinter von Mercedes-Benz vergleichbar. Die Kastenwagen Ford Transit, Renault Master oder der Iveco Daily spielen für Ausbauten von der Stange eine eher untergeordnete Rolle. Allerdings wird man auch beim Ford in Sachen Allradantrieb fündig.

DAS HÄNDLERNETZ

Nach dem Kauf eines ausgebauten Kastenwagens hat man es in der Regel mit zwei verschiedenen Betrieben zu tun. Für alles rund ums Wohnen ist der Händler, bei dem man das Fahrzeug gekauft hat, die richtige Adresse; für Arbeiten an Motor oder Fahrwerk ist dagegen eine Autowerkstatt zuständig.

Nicht jede Autowerkstatt aber hat ein Tor, das sich für ein hohes Wohnmobil weit genug öffnen lässt. Und nicht jede Hebebühne ist stabil genug, um Fahrzeuge mit einem Gewicht von bis zu drei Tonnen zu stemmen. Bevor man sich also auf ein Fabrikat einlässt, sollte man vorher ein wenig recherchieren, wo sich der nächstgelegene Servicepunkt befindet, bei dem auch Kastenwagen gewartet und repariert werden können. Betriebe, die infrage kommen, findet man mithilfe einer Internet-Suchmaschine, indem man den Fabrikatsnamen, »Werkstatt« und »Professional«, »Business« oder »Nutzfahrzeug« eingibt.

Die gute Nachricht: Wenn alles ordnungsgemäß funktioniert, muss die Autowerkstatt nicht oft heimgesucht werden, denn die Inspektionsintervalle der Nutzfahrzeuge sind heutzutage mit meist alle 50.000 Kilometer oder zwei Jahre (je nachdem, was zuerst eintrifft) erfreulich lang.

Nach oben wird's enger: Der Querschnitt des Mercedes-Benz Sprinter ist nicht ganz so kastenförmig wie bei Fiat, Citroën und Peugeot.

DER WOHNRAUM

In einem Kastenwagen stehen je nach Fahrzeuglänge zwischen rund sechs und sieben Quadratmeter nutzbare Fläche zur Verfügung. Es handelt sich also um eine sehr, sehr kleine Wohnung. Dennoch beinhaltet sie Schlafzimmer, Badezimmer, Küche und Wohnzimmer. Und eine Garage ist auch noch dabei.

Um solch eine kleine Fläche möglichst optimal zu nutzen, gibt es zahlreiche Kombinationsmöglichkeiten der Einrichtungs-Puzzleteile. Man kann die Betten hinten quer oder längs anordnen, als Hubbett, Stockbett oder französisches Bett auslegen oder vorn in luftiger Höhe anbringen. Auch die sanitären Einrichtungen haben als Festbad, Schwenkbad, Raumbad, seitliches Bad oder Heckbad den Ideenreichtum der Entwickler geweckt.

Auswahl gibt es genug, und das ist auch gut so. Schließlich gilt es, auf die zahllosen unterschiedlichen Anforderungen der Kastenwagen-Camper einzugehen. Dem einen ist die Gesellschaft seines Motorrads auf Reisen schon genug, ein anderer reist ausschließlich zu zweit, der nächste hat stets die Maximalbesatzung an Bord. Der eine möchte, dass das Bett tagsüber möglichst wenig Platz wegnimmt und nimmt dafür in Kauf, abends ein wenig Zeit für den Bettenbau zu opfern. Das wiederum ist dem anderen beim besten Willen nicht zuzumuten. Einer möchte jeden Tag in seinem Kastenwagen möglichst komfortabel duschen, dem anderen genügt der gelegentliche Hüpfer unter seine Außendusche. Solche unterschiedlichen Anforderungen haben natürlich Auswirkungen auf den Grundriss des Kastenwagens – besonders die Auslegung von Schlafzimmer und Bad beeinflussen sich dabei gegenseitig.

SCHLAFZIMMER

In den meisten Kastenwagen befinden sich die Betten im Heck. In den kurzen Kastenwagen stehen die Betten in der Regel quer, in den langen Modellen fast ausschließlich längs. In der 6-Meter-Länge finden sich beide Anordnungen.

QUERSCHLÄFER

Sind die beiden Heckbetten quer zur Fahrtrichtung angeordnet, spricht man von einem »Querschläfer«. Da die Breite eines Kastenwagens außen nur um die zwei Meter beträgt, bleiben innen abzüglich Isolierung und Wandverkleidung für die Bettlänge nur rund 185 Zentimeter Abstand von Wand zu Wand. Sollen bei Querbetten größere Liegelängen ermöglicht werden, muss die Wandverkleidung stellenweise also etwas dünner ausfallen. Den gleichen Zweck erfüllen bei einigen Modellen außen aufgesetzte Karosserie-Ausbuchtungen aus Kunststoff.

Bei Querschläfern ohne Seitenfenster im Schlafzimmer ist die Schlafrichtung manchmal durch unterschiedlich breite Ausbuchtungen vorgegeben: breit für die Schultern, schmal für die Füße. Bei nur einem Fenster bleibt es natürlich jedem selbst überlassen, ob er das Licht lieber am Kopf oder an den Füßen hat. Bedenken sollte man allerdings, dass die Faltjalousien empfindlich auf Tritte oder Schläge reagieren. Auch der meist in Fahrtrichtung rechts sitzende Kühlschrank kann bei der Wahl der Liegerichtung eine Rolle spielen, denn mit dem Kopf nach rechts säuselt der (Kompressor-)Kühlschrank dem vorderen Schläfer direkt ins Ohr. Schlecht, wenn der geräuschempfindlich ist.

Der Vorteil eines Querbetts ist, dass es von der kostbaren Fahrzeuglänge nur die Bettbreite wegnimmt. Bei den kurzen Kastenwagen mit 5,40 Meter Länge fällt das Bett mit rund 130 Zentimetern aus Platzgründen schmaler aus als bei den

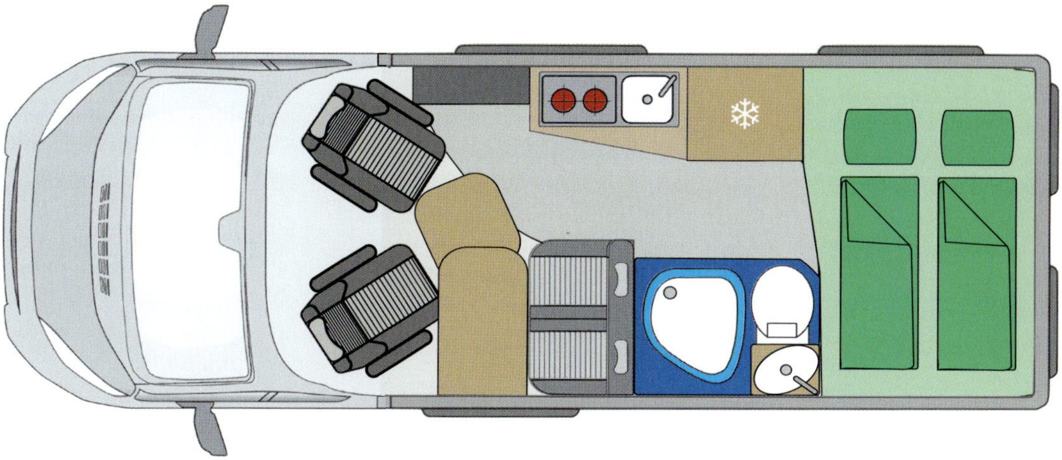

Querschläfer mit Festbad: Der Klassiker mit bis zu sechs Meter Fahrzeuglänge. Vorteil dieses Grundrisses: Nur die Bettbreite geht vom kostbaren Wohnraum ab. Nachteil: Der Stauraum unter dem Bett ist entsprechend kleiner als bei einem Längsschläfer. Und zum nächtlichen Toilettengang muss der hintere Schläfer über den vorderen klettern.

Raumgewinn durch innere Maßnahmen: Einbuchtungen in den Wänden sorgen für ein paar zusätzliche Zentimeter Liegelänge.

Sechs-Meter-Kastenwagen, die mit Bettbreiten zwischen 130 und über 150 Zentimeter aufwarten. Der Nachteil eines Querbetts: Der hintere Schläfer muss über den vorderen klettern, wenn er nachts mal rausmuss – wach sind hinterher wahrscheinlich beide. Und durch die manchmal wenigen Fenster ist bei Hitze in der Nacht eine wirksame Querlüftung kaum möglich.

Raumgewinn durch äußere Maßnahmen: Ausbuchtungen auf der Karosserie erfüllen den gleichen Zweck.

VW Grand California 600

Helles Köpfchen: Die meisten Camper werden bei nur einem Seitenfenster wohl mit dem Kopf zum Fenster liegen.

Fußraum-Beleuchtung: geht auch. Der Kühlschrank ist bei diesem Camper Van an der Front des Küchenblocks angebracht und damit geräuschmäßig weit von den Schläfern entfernt.

STOCKBETT

Ein Stockbett erweitert den Querschläfer um eine zusätzliche Betten-Etage. Oben geht es durch die Schränke aber deutlich enger zu, die typischen Bettenmaße liegen zwischen 175 x 130 und 185 x 140 Zentimeter. Somit ist das Obergeschoss eher für mitreisende Kinder geeignet.

Meist lassen sich die beiden Betten unabhängig voneinander ausbauen, was eine gewisse Variabilität in der Raumgestaltung des Hecks erlaubt. Denn bleiben die Kinder mal zu Hause, muss auch das obere Bett nicht mit auf die Reise – was der Kopffreiheit in Parterre und der möglichen Zuladung deutlich zugute kommt.

CS Duo

Stockbett ganz anders: Ordnet man zwei Einzelbetten übereinander an, entsteht Platz für ein geräumiges Bad.

Karmann Davis 591

Stapelweise: Mittels eines Stockbetts finden im Schlafzimmer zwei größere und zwei kleinere Menschen Platz.

Luft nach oben: Durch Ausbau des oberen Betts steigt die Kopffreiheit unten enorm.

Luft nach unten: Oben mehr ein Notbett, dafür ist unten mächtig viel Platz zum Transport sperriger Angelegenheiten.

LÄNGSSCHLÄFER

Sind die Heckbetten nicht quer zur Fahrtrichtung angeordnet, spricht man nicht etwa von einem Langschläfer (das ist etwas völlig anderes), sondern von einem »Längsschläfer«. Die Anordnung in Längsrichtung findet man in Kastenwagen ab sechs Meter Länge, denn diese Bauform kostet mehr Platz, da hier nicht die Breite, sondern die Länge der Schlafgelegenheit von der Wohnfläche abgezogen wird. Die Breite des Betts reicht von rund 160 bis 190 Zentimeter, die Länge misst oft zwei Meter oder noch mehr.

Längsbetten können als zwei Einzelbetten oder als zusammenhängendes Bett ausgelegt sein, aber auch die Einzelbetten lassen sich meist durch das Einlegen von Formteilen zu einer Liegewiese verbinden. Dass dabei die Bettlängen rechts und links bis zu 20 Zentimeter unterschiedlich sein können, dürfte kein Problem sein, da meist ja auch die beiden Schläfer unterschiedlich groß sind.

Beim Längsschläfer lassen sich ohne Gefahr für die Rollos rundum Fenster anbringen (gestrampelt wird ja in Richtung Flur) – dies ermöglicht dann effektives Querlüften in heißen Sommernächten. Und im Gegensatz zum Querschläfer ist es durchaus möglich, das Bett zu verlassen, ohne dabei den anderen zu wecken.

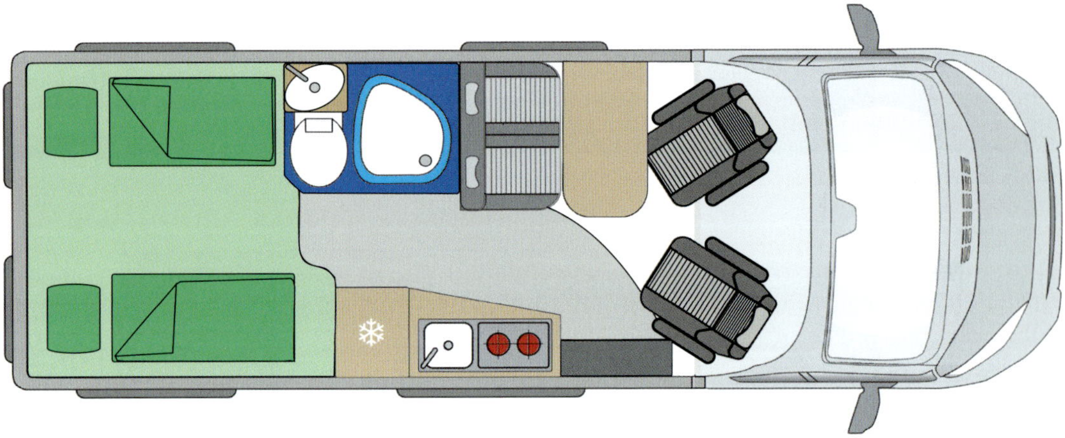

Längsschläfer mit Festbad: Fast alle langen Kastenwagen haben längs eingebaute Betten. Durch diese Anordnung kosten sie natürlich genau so viel Länge wie sie bieten. Die Liegefläche auf der Badseite ist manchmal bis zu 20 Zentimeter kürzer.

Breite Besucherritze: Längsschläfer mit zwei getrennten Betten.

Flächengewinn: Meist lassen sich die Einzelbetten mittels Formteilen zu einer Liegewiese erweitern.

Hecktüren ohne Fenster: Manche mögen's, manche nicht. Bei montiertem Fahrradträger lassen sich die Fenster ohnehin nur einen kleinen Spalt öffnen.

Praktische Loungefunktion 1: Kopfteil hochgestellt zum Blick ins Buch

Praktische Loungefunktion 2: Fußteil hochgestellt zum Blick ins Freie

Nur die Hecktüren verraten es: Dies ist nicht das Schlafzimmer eines Teilintegrierten, sondern das eines Kastenwagens.

Frankia Yucon 6.0

SONDERFALL LÄNGSSCHLÄFER: SLIDE-OUT

Ein Bett muss nur dann Platz bieten, wenn man darin schlafen möchte. Diese simple Erkenntnis liegt der Slide-out-Konstruktion zugrunde: Zum Schlafen fährt eine Erweiterung nach hinten aus dem Fahrzeugheck aus und ermöglicht so eine komfortable Bettlänge. Bei Nichtgebrauch schiebt sich alles platzsparend wieder auf kompakte sechs Meter Fahrzeuglänge zusammen.

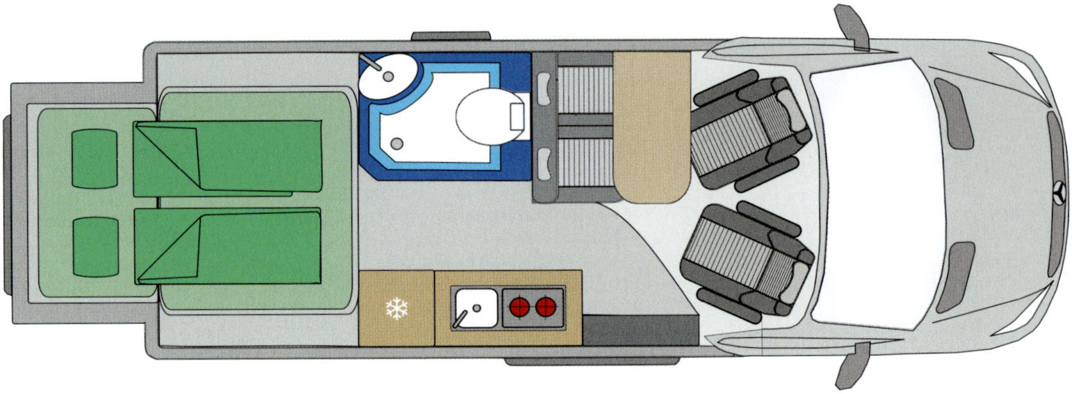

Längsschläfer mit Slide-out: Zum Schlafen fährt das Heckteil elektrisch angetrieben nach hinten aus.

BESSER WISSEN

BETTENGRÖSSEN RICHTIG LESEN

Jeder Zentimeter im Kastenwagen zählt, daher sind die beiden Betten im Heck fast nie gleich lang – egal, ob Quer- oder Längsschläfer. Um die Bettenmaße in den Katalogen der Hersteller oder auch die Angaben in den Fachzeitschriften verstehen zu können, braucht es manchmal ein wenig Fantasie. Am besten erklärt sich das anhand einiger Beispiele.

»Querschläfer 1955 x 1450 – 1575 mm« oder auch 1955 x 1575/1450 mm«: Die Liegefläche ist hier durchgängig 1955 Millimeter lang und misst an der schmalsten Stelle 1450 und an der breitesten Stelle 1575 Millimeter. Dabei kann es durchaus sein, dass die breite Stelle nicht viel zur Liegefläche beiträgt, weil der Hauptteil der Matratze nur 1450 Millimeter breit ist.

»Längsschläfer 1930/1800 x 829 mm«: Hier handelt es sich um zwei unterschiedlich lange Einzelbetten mit jeweils 829 Millimeter Breite.»1980/1930 x 1900 mm« dagegen bezeichnet eine 1900 Millimeter breite Liegewiese, die an der einen Seite 1980 und an der anderen Seite 1930 Millimeter lang ist.

»Stockbett 1950 x 1450 – 1400 I 1750 x 1300 mm«: Wegen des sich nach oben verjüngenden Innenraums ist die Liegefläche oben kleiner. Dabei darf man nicht vergessen, dass die Schränke oben zusätzlich Schlaffläche rauben.

Generell gilt: Die Katalogangaben können trügerisch sein – es führt kein Weg an einem echten Probeliegen vorbei.

Ab nach hinten: Die Verlängerung des Schlafabteils schiebt sich wie eine Schachtel aus dem Innenraum.

Lang gemacht: Mit dem um 84 Zentimeter ausgefahrenem Slide-out misst die Schlaffläche 204 mal 140 Zentimeter – sehr lang für einen Sechs-Meter-Klastenwagen.

Westfalia James Cook AD

HECK-HUBBETT

Wer öfter sperrige Gegenstände in seinem Kastenwagen transportieren möchte, findet in einem Hubbett im Heck die optimale Lösung. Ohne jegliche Umbauten lässt sich durch das einfache elektrische Hochfahren des Betts, das an Gurten befestigt ist, der Stauraum darunter erheblich vergrößern. Das erhöht den Nutzwert des Kastens als Alltagsmobil enorm, denn in den meist rund 150 Zentimeter hohen Stauraum passt zum Beispiel ein Motorrad (sofern es auch die Zuladung erlaubt). Fahrräder können ohne einen Heckträger transportiert werden. Abgesehen davon sind bei hochgefahrenem Bett die Staukästen im Heck, zum Beispiel für einen Wechsel der Gasflaschen, ausgesprochen gut zugänglich.

Praktisch: Ein Heck-Hubbett erlaubt den Transport auch sperriger Gegenstände, ohne die Betten umklappen zu müssen.

Variabel: Ein Heck-Hubbett lässt sich in jeder beliebigen Höhe feststellen.

FRANZÖSISCHES BETT

Als französisches Bett wird üblicherweise ein Doppelbett bezeichnet, bei dem sich die beiden Schläfer einen gemeinsamen Lattenrost und eine Matratze teilen. Das ist bei Kastenwagen aber nicht die eigentliche Besonderheit. Ungewöhnlich ist der Grundriss, denn neben dem französischen Bett befindet sich das Bad. Dessen Grundfläche ist daher nicht wie sonst annähernd quadratisch, sondern länglich und bietet daher ein weniger beengendes Raumgefühl.

Die Breite des seitlichen Bades geht natürlich von der Bettbreite ab. Daher ist die typische Abmessung eines französischen Betts 190 x 125 Zentimeter – manchmal länger, selten breiter. Geschmälert durch das Seitenbad fällt auch der Stauraum unter dem Bett kleiner aus.

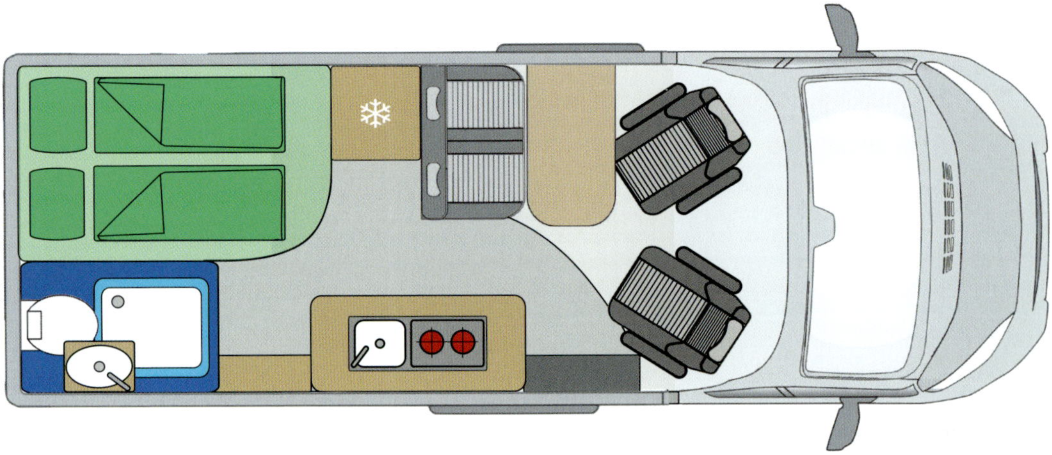

Französisches Bett mit Seitenbad: Bei Kastenwagen ein eher exotischer Grundriss.

Von nichts kommt nichts: Langes Bad, dafür schmales Bett.

Seitenwechsel: Das Bad kann sich auch in Fahrtrichtung links neben dem Bett befinden.

BUG-HUBBETT

Sind die Betten im Bug des Kastenwagens untergebracht, handelt es sich fast ausschließlich um Hubbetten. Das heißt: Tagsüber wartet das Bett hochgeklappt oder zusammengeschoben unter dem vorderen Teil des Dachs; um zum Schlafen elektrisch oder manuell heruntergeklappt oder ausgefaltet zu werden und sich dann bis nach hinten über die Sitzgruppe zu erstrecken.

Bug-Hubbetten lassen sich nur in Kastenwagen mit Superhochdach unterbringen. Trotzdem kostet das Bett unter dem Dach Kopffreiheit – sowohl beim Stehen unter dem hochgeklapptem Bett als auch beim Sitzen unter dem abgesenkten

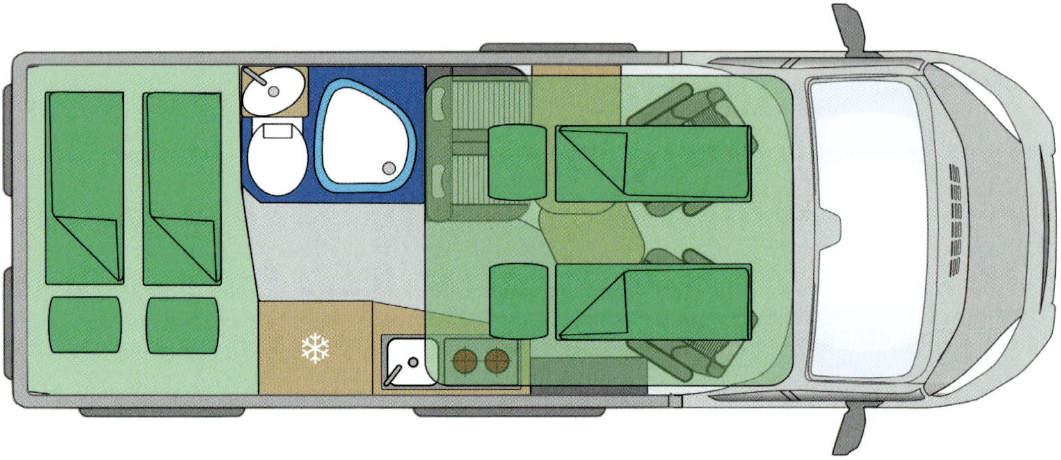

Bug-Hubbett und Querschläfer hinten: Durch diesen Grundriss ergeben sich vier vollwertige Schlafplätze.

Gemütliches Separee: Das Bett im Bug ist meist recht geräumig und befindet sich in der gleichen Klimazone wie der Rest des Wohnraums.

Sternwarte: Ein Bugfenster ermöglicht nachts astronomische Ausblicke.

Bett. Luftiger wird's, wenn der Kastenwagen über ein extra hohes, aufgesetztes GfK-Dach verfügt. Hier kann sich das Bett manchmal auch in ein alkovenartiges Gebilde erstrecken, das nach vorn über das Fahrerhaus hinausragt. In beiden Fällen wird das Bett über eine Leiter bestiegen. Ein typisches Maß für ein Hubbett ist 190 x 130 Zentimeter, teilweise findet man noch größere Betten.

Der Platzgewinn im Heck durch ein Bugbett ist enorm, so kann zum Beispiel statt eines weiteren Doppelbetts ein sehr großzügiges Badezimmer hinten quer eingebaut werden.

Ein im Winter nicht zu unterschätzender Vorteil ist, dass sich ein Bug-Hubbett, im Gegensatz zu einem Bett im Aufstellfach, in derselben Klimazone wie der Rest des Kastenwagens befindet.

Halbhöhenlage: Das herunter-geklappte Bett wird über eine Leiter erklommen.

La Strada Avanti F

Aus dem Weg: Bei Nichtgebrauch wird das Hubbett unter das Dach gehoben. Das schafft Platz, kostet aber stellenweise Stehhöhe.

Dreamer Campervan XL

Elektrischer Hub: Sogar das manuelle Herunterklappen kann einem erspart bleiben.

BETT IM AUFSTELLDACH

Bei Campingbussen gehören Aufstelldächer schon seit vielen Jahrzehnten zur Grundausstattung, bei Kastenwagen ist dieser Trend noch vergleichsweise neu. Im Gegensatz zu Campingbussen sorgt das Aufstellen des Dachs nicht für zusätzliche Stehhöhe, sondern lediglich für zwei zusätzliche Schlafplätze. Die befinden sich auf dem Fahrzeugdach und sind über eine Leiter samt Durchstieg erreichbar. Die von einigen Herstellern verwendete Bezeichnung »Schlafdach« trifft es also auf den Punkt.

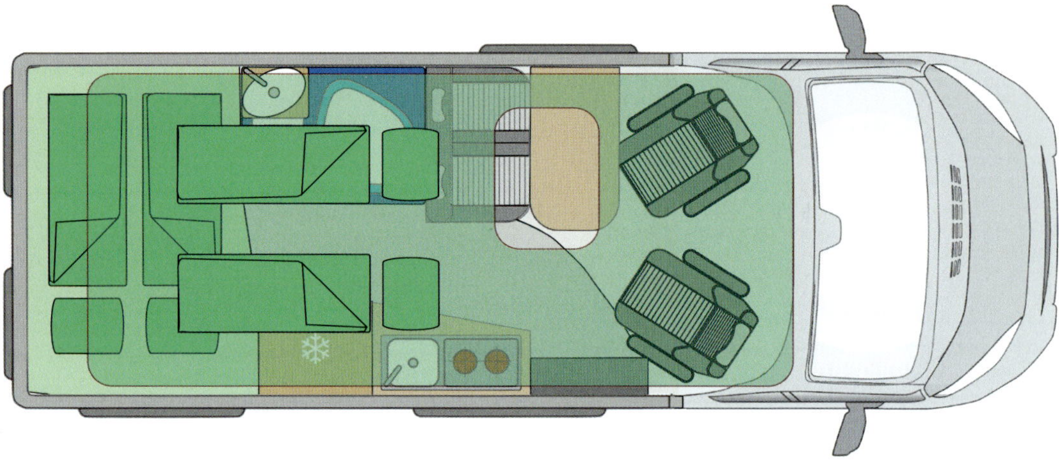

Querschläfer mit Dachbett: Nachdem das Dach aufgestellt ist, kann man auch im Oberstübchen schlafen. Mit einem Stockbett im Heck, den beiden Dachbetten und einem Notbett lassen sich theoretisch sieben Schlafplätze unterbringen.

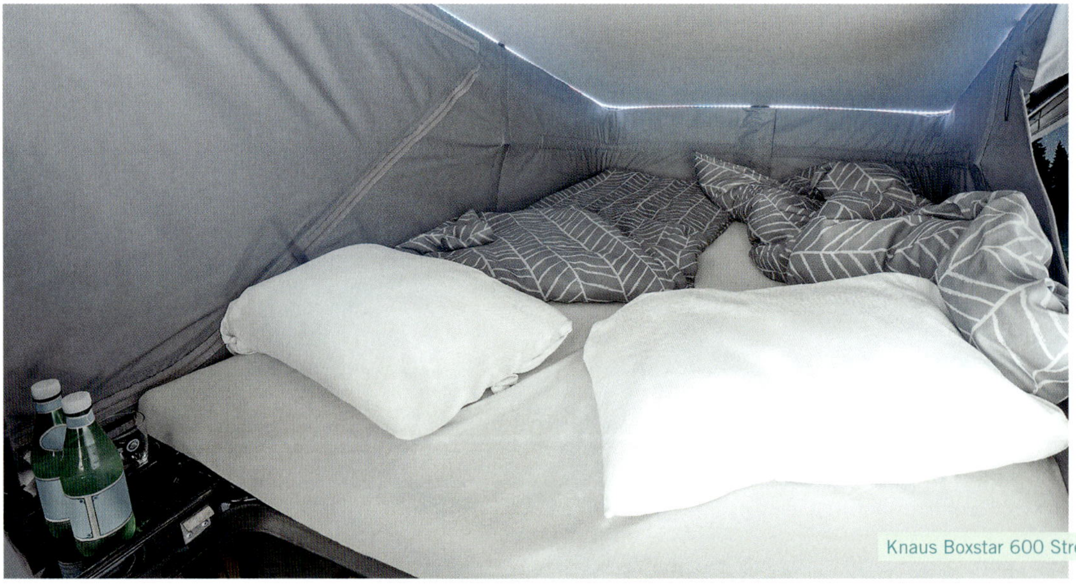

Zeltgefühl mit festem Dach: Platz ist reichlich vorhanden, aber im Winter kann es oben schon mal frostig werden.

Steiler Aufstieg: Durch einen Auschnitt gelangt man über eine Leiter in das Dachstübchen.

Dachterrasse: Vom Fahrzeugdach aus hat man eine tolle Aussicht, wenn sich die Stoffwände öffnen lassen.

Die Vorteile gegenüber einem Bug-Hubbett liegen auf der Hand: Der Kastenwagen ist niedriger (Aufstelldächer sitzen immer auf H2-Karosserien) und verbraucht so weniger Sprit. Bei Belegung des Oberstübchens, das eine Liegefläche zwischen 180 x 122 bis 200 x 135 Zentimeter bietet, ist die Bewegungsfreiheit in der Sitzgruppe nicht eingeschränkt.

Aber ein Aufstelldach bringt auch Nachteile mit sich. Zum Beispiel sein nicht unerhebliches Eigengewicht – das beträgt nämlich je nach Hersteller zwischen 85 und 130 Kilogramm. Dieses Gewicht knabbert nicht nur an der Zuladung, sondern verschiebt zudem den Schwerpunkt des Fahrzeugs nach oben und kann daher einen negativen Einfluss auf die Fahrstabilität haben. Ein Aufstelldach ist auch nicht gerade billig: In der Aufpreisliste werden für ein in Wagenfarbe lackiertes Aufstelldach zwischen 3500 und 7000 Euro aufgerufen. Außerdem ist mit aufgesteltem Dach die Camping-Fahne gehisst. Jetzt weiß jeder Außenstehende: Hier wird übernachtet – beim Freistehen nicht immer ein erwünschtes Signal.

Im Sommer freut sich der Obenschläfer über das angenehme Klima durch die dünnen Stoffwände, im Winter dagegen kann es schnell unangenehm frisch werden. Daher bieten einige Hersteller Isolierungsmatten oder sogar eigene Warmluftkanäle ins Obergeschoss an.

BESSER WISSEN

HERSTELLUNG VON AUFSTELLDÄCHERN

Für ein Aufstelldach wird ein Bodenteil auf das Dach des Kastenwagens geklebt und zum Zustieg ein Ausschnitt in das Dach gesägt. Darüber wölbt sich dann ein rund 20 Zentimeter hoher Deckel. Die Wände des Dachgeschosses bestehen aus wasserabweisendem Baumwollgewebe mit eingesetzten Fenstern.

Der Deckel der meisten Aufstelldächer besteht aus glasfaverstärktem Kunststoff (GfK), im Inneren befindet sich ein Hartschaumkern zur Isolation. Einen anderen Weg geht Knaus mit seinem »Pop-up-roof«: Eine Maschine spritzt langfaseriges Verbundmaterial schichtweise in eine Form und bringt die Isolierung geleichzeitig mit ein.

Knaus Boxstar 600 Street

Technische Mechanik: Zum Aufstellen des Dachs wird es vorn mit Unterstützung durch Gasdruckfedern angehoben, hinten heben Scherenscharniere dabei das Dach nur etwas an.

ZUSATZBETT

Fast alle Hersteller bieten die Möglichkeit an, im Wohnraum ein zusätzliches Bett einzurichten, meist als »Notbett« oder »Gästebett« bezeichnet. Als Ersatz für einen Lattenrost kommt dann meist dem tiefergegten Tisch eine tragende Rolle zu. Das erreichte Bettenmaß schwankt zwischen den Herstellern ganz erheblich: Es sind Größen zwischen kindgerechten 160 x 60 und ausgewachsenen 190 x 120 Zentimeter zu finden.

Theoretisch lässt sich ein Kastenwagen zu einem Siebenschläfer umbauen: Man braucht dazu ein Stockbett, ein Bug- oder Dachbett und ein Zusatzbett. Doch normalerweise möchte man die Meute ja auch transportieren. Meist sind aber nur vier Plätze mit Sicherheitsgurt vorhanden – und daher auch nur vier Personen für die Fahrt zugelassen.

Nicht vergessen: Die Matratzen oder Matratzenteile belegen Stauraum.

Hobby Vantana ontour

Quer vorn: Kinderbett im Fahrerhaus

Längs vorn: 180 x 90 Zentimeter Liegefläche sind schon recht stattlich.

Auf dem Tisch: Jeder Zentimeter wird genutzt. Das Ergebnis: 185 x 105/88 Zentimeter. Die Schiebetür ist so allerdings nicht mehr zugänglich.

BESSER WISSEN

BESSER SCHLAFEN

Jeder Mensch schläft anders. Während der eine selbst auf Holzbrettern noch eine erholsame Nacht verbringen kann, braucht der Prinz oder die Prinzessin auf der Erbse dafür unbedingt eine butterweiche Unterlage. Zudem ist der optimale Härtegrad der Matratze auch noch vom Gewicht des Schlafenden abhängig, möglichst auf verschiedene Körperzonen verteilt. Kein Wunder also, dass sich die Hersteller von Kastenwagen meist bei der Qualität und damit auch bei den Kosten ihrer verwendeten Kaltschaummatratzen zurückhalten – sie können es ja sowieso nicht jedem recht machen.

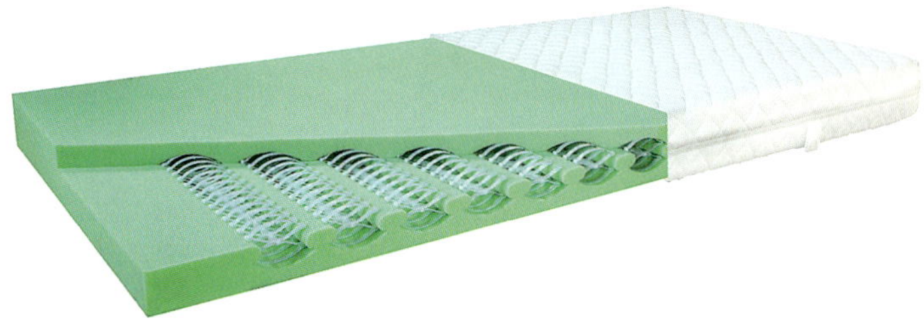

Maßarbeit: Hier lassen sich auf jeder Federreihe die einzelnen Federn verschieben oder entfernen, um an jedem Punkt den Körper möglichst optimal zu stützen.

Wer in seinem Wohnmobil nicht gut schläft, weil er nicht gut liegt, sollte über einen Wechsel der Matratze nachdenken. Es gibt eine Menge Firmen, die maßgeschneiderte Matratzen für Wohnmobile anbieten (genau das ist auch der passende Suchbegriff im Internet). Manchmal wird ein Vor-Ort-Service angeboten, bei dem man nach Terminvereinbarung eine eingehende Beratung samt Probeliegen (unbedingt empfehlenswert) erhält. Anschließend werden die Matratzenteile fachgerecht ausgemessen und zugeschnitten. Für die Überbrückung derr Wartezeit verfügen einige Betriebe sogar über einen firmeneigenen Stellplatz.

Die Matratzen sind fast immer in verschiedenen Dicken erhältlich. Hierbei sollte man aber bedenken, dass die neue Matratze nicht wesentlich dicker als die vorhandene sein sollte, denn je höher man in einem Heckbett liegt, desto beschwerlicher wird der Einstieg und desto kleiner der Abstand zu den Hängeschränken. Und bei einem Bug-Hub- oder Stockbett geht jeder zusätzliche Zentimeter Matratzendicke von der Kopffreiheit ab.

Etwas Fachwissen zum Mitreden beim Beratungsgespräch: Eine Fünf-Zonen-Matratze hat unterschiedliche Härtegrade

Austauschteile: Hier können einzelne Schaumstoffstopfen ausgetauscht werden, um eine optimale Körperanpassung zu erzielen.

Die schönste Unterlage aus Tellerfedern statt eines reinen Lattenrostes nutzt nichts, wenn die Matratze zu hart ist.

in den Bereichen von Kopf, Schulter, Lenden, Becken und den Füßen. Bei einer Sieben-Zone-Matratze finden sich zusätzliche Ausgestaltungen für den Bereich von Schenkel und Waden. Bei besonders luxuriösen Ausführungen können die Härtegrade einzelner Zonen sogar selbst angepasst werden.

Oft ist vom Raumgewicht die Rede (abgekürzt RG). Dieses bezeichnet das Matratzengewicht geteilt durch das Matratzenvolumen. Bei einem hohen Raumgewicht sind die Lufteinschlüsse im aufgeschäumten Material klein, die Matratze ist dadurch formstabil und hat eine höhere Haltbarkeit. Ab einem Raumgewicht von 40 kann man von einer guten Matratze sprechen.

Wie fürs heimische Schlafzimmer sind gute Matratzen auch fürs Wohnmobil nicht billig. Die Preise beginnen für 10 Zentimeter dicke 7-Zonen-Matratzen bei ungefähr 150 Euro und enden bei 15 Zentimeter dicken, voll einstellbaren Top-Modellen bei rund 350 Euro. Pro Quadratmeter, wohlgemerkt, und das noch ohne den nicht unerheblichen Aufschlag für den Zuschnitt. So kann eine Matratze für nur eine Seite eines Längsschläferns durchaus 1000 Euro kosten.

Apropos Zuschnitt: Da die Matratzen im Wohnmobil nur in Ausnahmefällen rechteckig sind, passen normale Spannbettlaken nicht oder nur schlabberig – von den kleinen Formteilen ganz zu schweigen. Hier finden sich Fachbetriebe im Internet, die Spannbettlaken nach Maß schneidern. Anhaltspunkt: Passgenaue Spannbettlaken in der Wunschfarbe für zwei Matratzen und drei kleine Formteile kosten – in Deutschland genäht – um die 150 Euro.

Auf Maß: Passgenau geschneiderte Spannbettlaken sehen gut aus, sind aber teuer.

BADEZIMMER

Bei der Wahl des geeigneten Grundrisses spielt neben der Ausgestaltung der Bettstatt das Badezimmer die zweitwichtigste Rolle. Auch hier gibt es zahlreiche, für fast jeden Geschmack unterschiedliche Lösungen.

FESTBAD

Der Klassiker unter den Badezimmern im Kastenwagen ist das Festbad (auch »Kompaktbad« genannt). Das Festbad ist ein fester Raum mit einer Tür, hinter der sich die Toilette, ein Waschbecken, eine Duschwanne, ein Fenster und/oder eine Dachluke sowie einige Schränke befinden. Bei einigen wenigen Modellen lässt sich die Toilette in ein Fach in der Wand verschieben, um mehr Platz zum Duschen zu erhalten.

Während man sich die Hände im Waschbecken wäscht oder auf der Toilette sitzt, stehen bei der Standardvariante die Füße in der Duschwanne. Beim Blick auf die Füße: Sieht man dort zwei Abläufe statt nur einem, so kann das Duschwasser auch dann noch abfließen, wenn der Kastenwagen einmal nicht ganz gerade steht.

Der Wasserhahn kann aus seiner Halterung im Waschbecken genommen werden und zieht dann einen flexiblen Schlauch hinter sich her. So dient er auch, in eine Halterung gesteckt, als Duschkopf.

Um zu duschen wird üblicherweise ein Vorhang rund um die Duschwanne gezogen. Dieser klebt beim Duschen dann gern am Körper, und ohne Nachwischen des restlichen Bads ist es meist nicht getan.

Das Festbad befindet sich meist in Fahrtrichtung links vor dem Bett. Bei einem französischen Bett sitzt das Bad dagegen neben dem Bett – was das Bad länger und das Bett samt darunter liegendem Stauraum schmaler macht.

Carado CV 600

Festbad von oben: Was so noch halbwegs geräumig aussieht …

… reduziert sich durch das Zuziehen des Duschvorhangs ganz gewaltig.

Festbad heißt: geschlossene Kabine mit Tür. Die Tür selbst ist allerdings nicht immer fest, sondern wird von manchen Herstellern auch als Rollo ausgelegt.

Es geht auch ohne Vorhang: Hier schützt eine schwenkbare transparente Tür vor Spritzwasser.

SCHWENKBAD

Auch bei einem Schwenkbad spielt sich das sanitäre Geschehen hinter einer Tür ab. Innen allerdings verwandelt ein ausgeklügelter Schwenkmechanismus bei Bedarf das Badezimmer mit Toilette in eine Dusche. So kann oft auf einen Duschvorhang verzichtet werden.

Zauberkiste: Auf den ersten Blick ein ganz normales Badezimmer …

… doch die Schwenkwand zaubert eine Dusche aus dem Hut.

GETRENNTE DUSCHE

Kaum zu glauben: In einem Kastenwagen lassen sich sogar zwei feste Sanitärräume unterbringen. Auf der einen Seite die Toilette mit Waschbecken, auf der anderen Seite die Dusche – beide mit separater Tür. Öffnet man beide Türen gleichzeitig, entsteht dadurch ein großzügiger Sanitärbereich, der quer über das Fahrzeug verläuft.

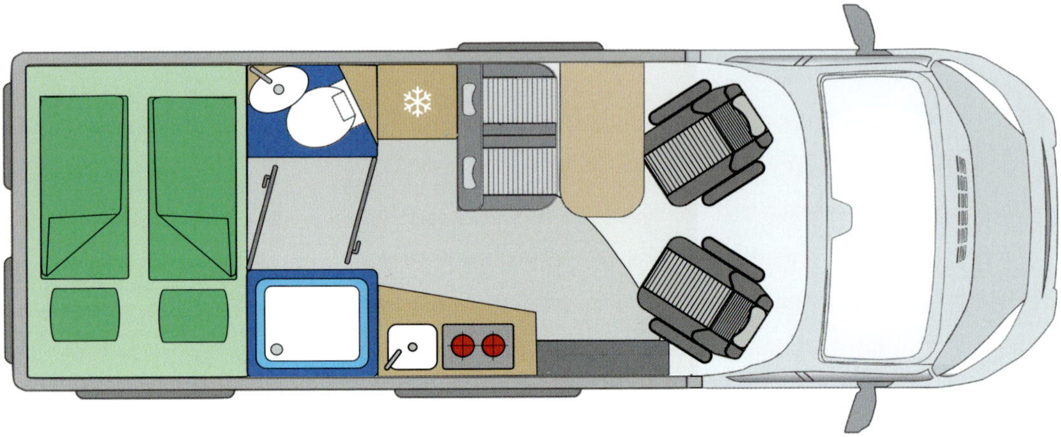

Querschläfer mit separater Dusche: bestens geeignet für Vielduscher. Befindet sich die Dusche in einem separaten Raum, verringert sich der Reinigungsaufwand nach dem Duschen nämlich enorm.

Pfiffige Lösung: Solange niemand duschen möchte, belegt ein Schrank den Platz in der Duschkabine.

Platz da: Zum Duschen muss der Schrank weichen und wird einfach über das Bett geschwenkt.

Durchgang verboten: Stehen beide Türen quer, ergibt sich ein großzügiges Querbad. Die Türen lassen sich auch als Raumteiler einsetzen.

Pössl Roadstar 640 DK

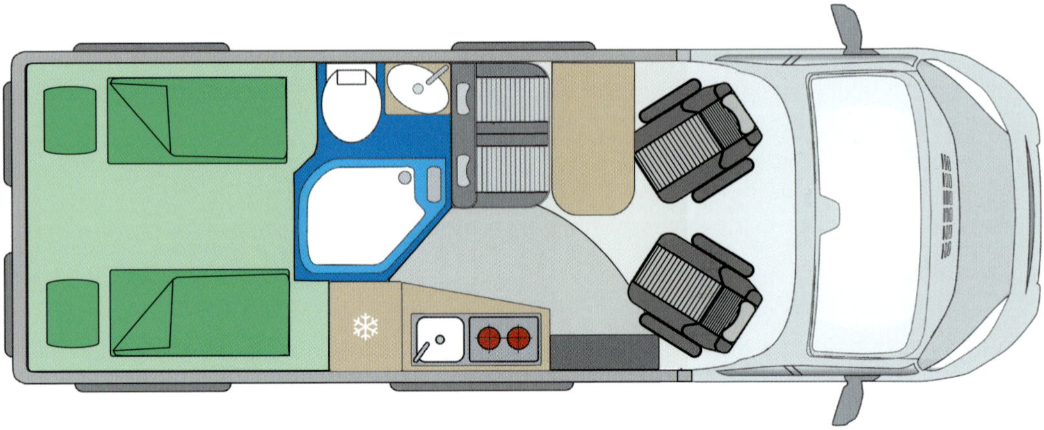

Längsschläfer mit Raumbad: Bei einem Raumbad nimmt die Dusche nur bei Benutzung Platz weg. Geduscht wird in einer Röre im Flur.

RAUMBAD

Bei einem Raumbad (auch »Variobad« genannt) befindest sich die Duschwanne mitten im Flur und ist bei Nichtgebrauch mit einer Platte abgedeckt. Zum Duschen wird eine raumhohe Lamellentür, die in Führungsschienen läuft, um die Duschwanne gezogen. Diese Schiebetür umschließt einen Großteil der Duschwanne, nur eine restliche Öffnung zum Badezimmer wird durch einen schmalen Duschvorhang verschlossen. Die Dusche nimmt also nur dann Platz weg, wenn sie benutzt wird. Dann allerdings macht sie sich gleich maximal breit und blockiert sowohl den Zugang zum Kühlschrank als auch den zum Schlafzimmer.

Durch die Auslagerung der Dusche kann das Badezimmer etwas kleiner ausfallen, daher ist das Bett bei einem Längsschläfer auf der Badseite meist etwas länger als bei einem Festbad. Die Stehhöhe in einem Raumbad ist oft größer als in einem Festbad. Praktisch an einem Raumbad ist, dass sich die Lamellentür als Sichtschutz (zum Beispiel zum Umziehen) schnell schließen lässt. Sogar als Raumtrenner ist die Schiebetür verwendbar, so dass entweder ein Schlafzimmer oder ein Wohnzimmer mit Toilette (allerdings dann jeweils ohne Tür) entsteht.

Wo Licht ist, ist auch Schatten: Faszinierend schnell sammelt sich in der Führungsschiene im Boden jedweder Schmutz, was die Tür schwerer und lauter laufen lässt. Außerdem entfällt bei meinem Raumbad die praktische Nebennutzung der Nasszelle als Trockenraum zum Abtropfen nasser Klamotten, wie es beim Festbad praktischerweise möglich ist.

Auf der Rolle: Die Duschwand wartet auf ihren Einsatz.

Unauffällig: Wird die Dusche nicht benötigt, nimmt sie auch keinen Platz weg. Die Duschwanne befindet sich unter einer Abdeckung im Flur.

Knaus Boxlife 630 ME

Ab in die Röhre: Für Nichtduscher ist in diesem Moment der Zugang zum Kühlschrank und zum Schlafzimmer versperrt.

Raumtrenner: Die Schiebetür kann auch ein Schlafzimmer …

… oder ein Wohnzimmer mit offener Toilette abtrennen.

HECKBAD

Für Liebhaber großzügiger Sanitärräume ist ein Heckbad im Kastenwagen das Optimum. Wenn die Betten nach vorn verlegt sind, bietet sich dadurch die Möglichkeit, ein Badezimmer einzupflanzen, das sich hinten quer fast über die gesamte Fahrzeugbreite erstreckt. Dann ist es baulich auch kein Problem, den Duschbereich mit einer eigenen Tür spritzwasserdicht abzuschließen.

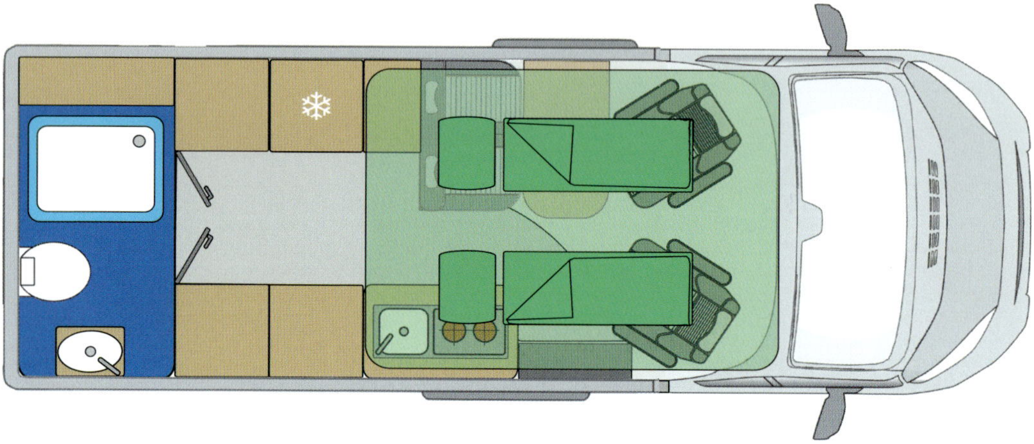

Bug-Hubbett mit Heckbad: Bad quer hinten, Bett oben vorn. Das Bad zieht sich fast über die gesamte Fahrzeugbreite, der Stauraum befindet sich dahinter und daneben. Dieser Grundriss bietet viel Raum für Schränke und findet sich meist in der Sechs-Meter-Klasse.

Volle Breitseite: Waschplatz ist hier keine Mangelware.

Ungewohntes Bild: Das Hubbett macht den Platz frei für ein Heckbad.

AUSSENDUSCHE

Meist gibt es im Badezimmer ein Seitenfenster, und meist ist der Schlauch am Wasserhahn lang genug, um eine Außendusche zu improvisieren. Allerdings: Möchte man sich selbst beispielsweise von Matsch befreien, muss man dazu ja zunächst ins Badezimmer, um den Hahn durchs Fenster zu bugsieren. Praktischer ist da eine fest verbaute Außendusche. Der Zugang befindet sich unter einer abschließbaren Klappe an der Außenwand, im Angebot ist kaltes und warmes Wasser, und nass und dreckig wird's so nur außerhalb des Fahrzeugs.

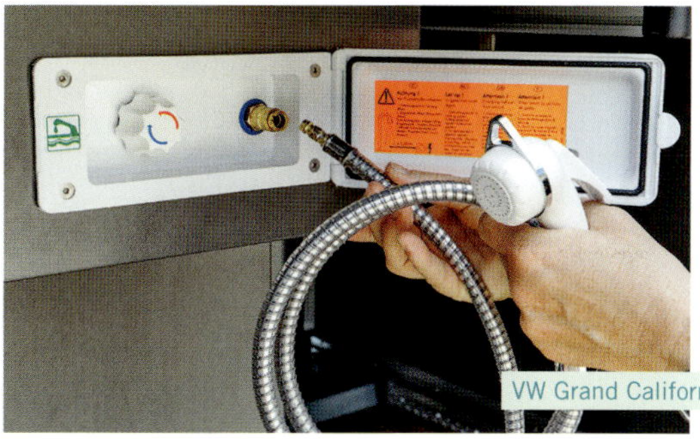

Zapfstelle außen: Eine Außendusche kann man nutzen, ohne vorher das ganze Wohnmobil durchqueren zu müssen. Der Zugang befindet sich unter einer abschließbaren Klappe.

WASCHBECKEN

In den meisten Kastenwagen findet sich im Waschraum ein fest eingebautes Handwaschbecken mit einem darunterliegenden Schränkchen. Doch diese Anordnung beansprucht dauerhaft Platz. Und so demonstriert sich bei manchen Modellen selbst an einem scheinbar so simplen Einrichtungsgegenstand wie einem Waschbecken der Ideenreichtum der Entwickler. Ein Waschbecken muss durchaus nicht immer fest an einem Platz montiert sein. In manchen Kastenwagen wird bei Bedarf Platz geschaffen, indem sich das Waschbecken hochklappen, in die Wand wegklappen, aus dem Weg drehen oder schieben oder umklappen lässt.

Multitalent: Wird das Waschbecken zum Duschen hochgeklappt, verhindert es Einblicke von außen.

Platzverweis: Entweder Klogang …

… oder Waschgang.

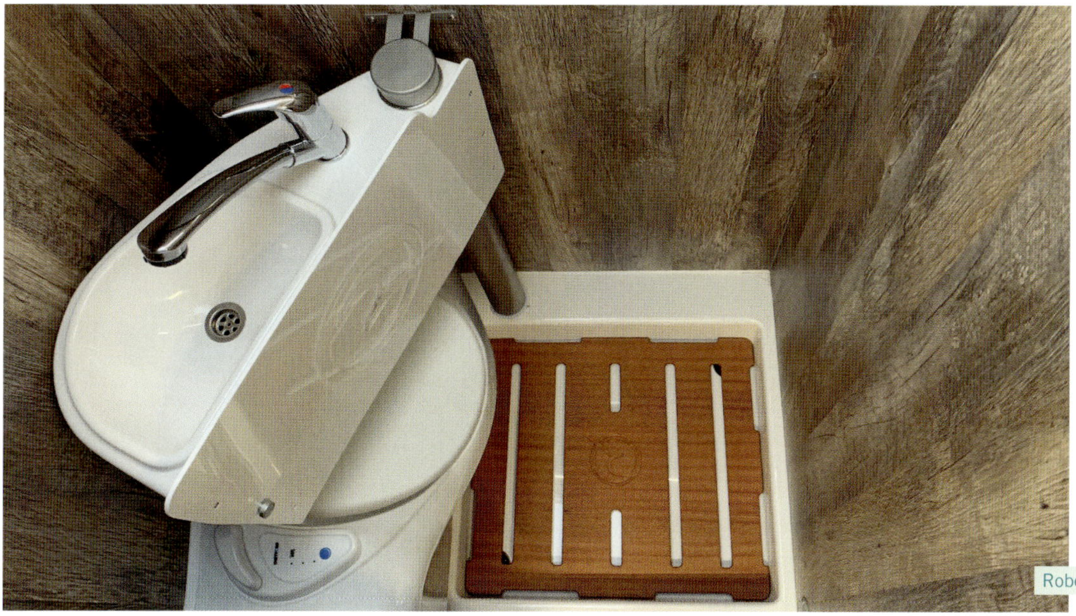

Drehmoment: Eine Drehung des Waschbeckens macht den Weg in die Duschwanne frei.

*Rutsch' mal ein Stück:
Auch Waschbecken zum
Verschieben gibt es.*

Karmann Davis 591

Scheinriese: Aus dem kleinen Handwaschbecken wird durch einen Handgriff …

… ein ausgewachsener Waschtisch. Das kleine Waschbecken vom Bild oben hängt jetzt rechts unten.

TOILETTE

Aus Gewichtsgründen besteht der Thron im Wohnmobil nicht – wie zu Hause – aus Porzellan, sondern aus Kunststoff. Zum Einstellen einer möglichst angenehmen Sitzposition unter den beengten Platzverhältnissen ist der Toilettensitz meist drehbar.

Was oben hinein geht, landet unten in einem Fäkalientank, der etwas appetitlicher »Kassette« genannt wird. Auch für deren Inhalt gibt es eine nettere Bezeichnung: »Schwarzwasser«.

An der Toilettenschüssel befindet sich ein Hebel, der den Verschlussschieber der Kassette betätigt. Neuere Modelle können sowohl mit offenem als auch geschlossenem Schiebern benutzt werden – wobei sich bei offener Nutzung und etwas Zielsicherheit die Schüssel anschließend leichter reinigen lässt. Auch in der Schüssel ausgelegtes Toilettenpapier minimiert den Reinigungsaufwand. Nach der Benutzung und dem Spülen mit Wasser wird der Schieber mittels Hebel wieder geschlossen, um Gerüche im Keller zu lassen.

Üblicherweise bietet die Kassette in Kastenwagen 18 Liter Volumen. In Abhängigkeit von der Zahl der mitreisenden Personen und der Häufigkeit der Toilettennutzung muss man mit einer Leerung alle zwei bis maximal vier Tage rechnen. Als Tipp: Geht die Füllstandsanzeige auf Rot, passen gerade noch ein bis zwei Liter in die Kassette.

Feuer frei: So lange die Füllstandsanzeige »grün" signalisisert, ist noch Luft. Geht die Anzeige auf rot, sollte die Kassete schnellstens geleert werden.

Anpassungsfähig: Da der Raum begrenzt ist, kann man die Toilettenschüssel drehen.

CHEMISCHE SANITÄRZUSÄTZE

Die gängigste Methode, die Entwicklung von Toiletten-Gerüchen zu unterdrücken und den Inhalt zur leichten Entsorgung soweit es geht zu zersetzen, ist die Zugabe von spezieller Chemie – entweder aus der Flasche oder portioniert in kleinen Beutelchen (»Sachets«). Dabei wird empfohlen, flüssige Zusätze nicht über die Toilette, sondern direkt in die Kassette einzufüllen, da sonst die Schieberdichtung angegriffen werden könnte. Schon daran sieht man, dass solche Mittel gar nicht so harmlos sind. Auch ein Blick auf das Etikett nötigt Respekt ab: Da ist die Rede von »Gesundheitsschädlich beim Verschlucken oder Einatmen«, »Verursacht Hautreizungen«, »Bei Gebrauch nicht essen, trinken oder rauchen«, »Kann allergische Reaktionen auslösen«, »Verursacht schwere Augenschäden«. Und vor allem: »Sehr giftig für Wasserorganismen mit langfristiger Wirkung.« Es versteht sich also von selbst, dass der Inhalt der Kassette weder im Wald noch im Gully etwas zu suchen hat.

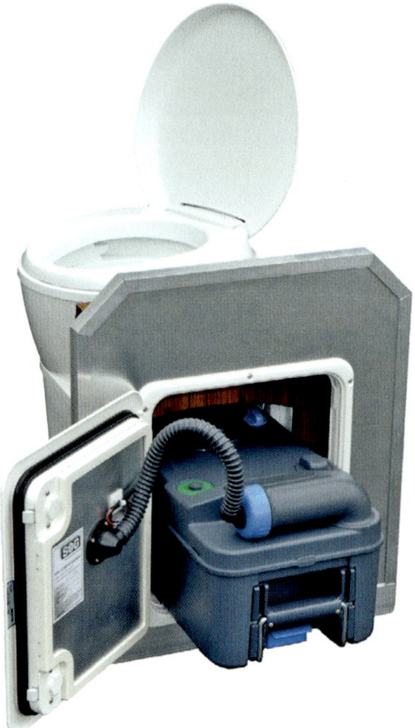

Öko-Stufe 2: Beim SOG-System wird Luft durch die Kassette und damit auch durch die Kloschüssel angesaugt und über einen Kohlefilter durch die Serviceklappe geruchsneutral ausgeblasen. Für senkrecht öffnende Klappen gibt es stärkere Magnete.

ÖKOLOGISCH VERTRÄGLICHERE ALTERNATIVEN

Öko-Stufe Nummer eins ist die Verwendung eines Sanitärzusatzes, der biologisch abbaubar ist. Manchmal ist die Verwendung eines solchen Mittels sogar vorgeschrieben, zum Beispiel dann, wenn ein Campingplatz nicht an das Kanalnetz angeschlossen ist und daher die Abwässer selbst mit Hilfe eines Klärteiches reinigen muss.

Öko-Stufe Nummer zwei ist das vollständige Weglassen eines Sanitärzusatzes. Dies kann ohne Hilfsmittel bei ausschließlicher Nutzung als Urinal und Leerung alle zwei Tage gut funktionieren. Ansonsten stellt das Sog-System eine einfache, aber wirksame Nachrüstung dar. Das Prinzip ist einfach: Wird der Toiletten-Schieber geöffnet, saugt ein Ventilator, der an der Serviceklappe sitzt, durch die Kassette und die Kloschüssel Luft an, wodurch erst gar keine Gerüche ins Fahrzeuginnere aufsteigen können. Der Luftstrom befächelt auf seinem Weg den Kassetteninhalt, beschleunigt durch die Sauerstoffzufuhr dessen Zersetzung und macht sich schließlich auf ins Freie. Ein jährlich auszutauschender Kohlefilter verhindert dabei, dass der Stellplatznachbar nähere unerwünschte Geruchsinformationen aus der fremden Kassette erhält.

Öko-Stufe Nummer drei ist die Verwendung einer Trenntoilette. Diese Art von Toilette kommt ohne Spülwasser aus und macht sich den Effekt zunutze, dass die unangenehmen Gerüche hauptsächlich erst dann entstehen, wenn die flüssigen und die festen Ausscheidungen zusammenzukommen. Also ist strikte Gütertrennung angesagt: Das Flüssige wird vorn in einem herausnehmbaren Kanister gesammelt, das Feste in einem anderen Behälter hinten, der mit Kokosfasern oder ähnlich saugendem Material (Prinzip Katzenklo) ausgelegt ist. Die Feststoffe im Beutel können dann zum Beispiel dort entsorgt werden, wo auch volle Babywindeln landen: im Hausmüll.

Öko-Stufe 3: Eine Trenntoilette benötigt keine Zusätze – die Trennung ist hier das A und O.

BESSER WISSEN

KASSETTE LEEREN

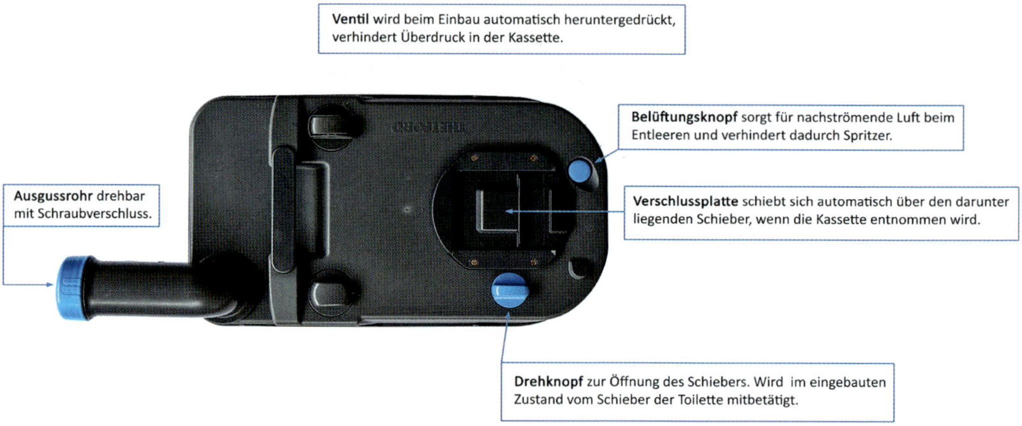

Kleine Behälterkunde: Zum Glück gibt's nicht viele Knöpfe.

Egal, ob vollständig ausgerüstet mit Gummistiefeln und säurefesten Handschuhen oder lässig in kurzen Hosen – das Vorgehen bei der Leerung der Toilettenkassette ist identisch.

Schritt 1: Hebel der Toilette in Schließstellung bringen. Dann Serviceklappe öffnen, Kassette entriegeln und entnehmen.

Schritt 2: Kassette zur Entsorgungsstation rollen oder tragen (die rund 20 Kilogramm einer vollen Kassette machen auf längeren Strecken die Arme lang).

Schritt 3: Kassette aufrecht hinstellen, Ausgussrohr nach oben drehen, Deckel vom Ausgussrohr abschrauben.

Containerdienst: Nach Betätigung der Entriegelung kann man die Kassette entnehmen.

Schritt 4: Kassette so anheben, dass sich der Ausguss der Kassette über der passenden Öffnung der Entsorgungsstation befindet, beim anschließenden Ausgießen den Belüftungsknopf drücken.

Schritt 5: Über den Brauchwasserschlauch der Entsorgungsstation (nur wer unbedingt geteert und gefedert werden möchte, verwechselt ihn mit dem Frischwasserschlauch) etwas Wasser in das Ausgussrohr der Kassette einfüllen, Deckel wieder aufschrauben, Kassette kräftig schwenken und in alle Richtungen drehen, Deckel abschrauben, wie in Schritt 4 entleeren. Schritt 5 so oft wiederholen, bis das ausgeschüttete Wasser klar ist.

Schritt 6: Falls ein Sanitärzusatz verwendet wird, vorgeschriebene Menge Wasser einfüllen, Sanitärzusatz über das Ausgussrohr hinterher kippen. Deckel auf das Ausgussrohr schrauben, Rohr zurück in die Ausgangsstellung bringen.

Schritt 7: Kassette wieder bis zum Einrasten in den Schacht schieben (dabei darf kein nennenswerter Widerstand spürbar sein), Serviceklappe schließen – fertig. Bis zum nächsten Mal.

Vorsichtsmaßnahme: Man sollte der Besatzung mitteilen, wenn die Kassette auf Wanderschaft geht – sonst fällt alles in den Schacht. Sollte dies doch einmal passieren, wird man über eine gute Abdichtung des Toilettenschachts zum Rest des Fahrzeugs (was nicht immer der Fall ist) dankbar sein.

KÜCHE

Die Küche befindet sich bei Kastenwagen fast immer in Fahrtrichtung rechts; der Küchenblock ragt dabei weit in den Ausschnitt der Schiebetür hinein. Auch die Komponenten sind im Wesentlichen immer die gleichen: Ein Gasherd mit zwei Flammen, eine Spüle, eine zusätzliche Arbeitsfläche an der Stirnseite, ein Kühlschrank und einige Schubladen.

Westfalia Amundsen 600D

Standard: Küche in Fahrtrichtung rechts. Eine hochklappbare Platte sorgt für mehr Arbeitsfläche.

Üblich: Zweiflammen-Herd mit Piezozünder. Bestehen Herd und Waschbecken aus einem Guss, kann man Krümel von der Kochstelle einfach in die Spüle wischen.

Seltener Anblick im Kastenwagen: Küche in Fahrtrichtung links.

Abgedeckt: Mit einer passenden Platte über dem Waschbecken wird ebenfalls die Arbeitsfläche vergrößert. Im Zweifalsfall kann hier auch Fantasie beim Eigenbau weiterhelfen.

Idealerweise kann der Gasherd auf Knopfdruck mit einem Piezozünder entflammt werden. Außerdem ist es sehr praktisch, wenn Herd und Spüle eine gemeinsame Metall-Einfassung haben, da sich so der Herd leichter reinigen lässt – danebengegangene Kochrückstände können dann einfach ins Waschbecken gewischt werden. Haben Herd und Spüle je eine eigene Abdeckung, kann man beim Kochen oder Abwaschen mit den so neu entstandenen Arbeitsflächen jonglieren.

Den Kühlschrank findet man meist in oder bei der Küchenzeile, nur selten auf der anderen Fahrzeugseite. Er kann vieles sein: groß oder klein, hoch- oder tiefgesetzt, beidseitig zu öffnen, eine Schublade oder von außen und von innen erreichbar. Wie immer beim Kastenwagen hängt alles von allem ab. Ein großer Kühlschrank nimmt Schubladen den Platz weg. Ein hochgesetzter Kühlschrank ist leicht erreichbar, stört aber die freie Sicht in die Bettenabteilung. Eine Kühlschublade bietet zwar einen guten Überblick über den Inhalt – aber für den muss man sich tief bücken. Hier muss jeder seine persönlichen Vorlieben abwägen – falls er bei seinem Wunschfabrikat überhaupt eine Wahl hat.

Die Schubladen lassen sich meist einzeln gegen unbeabsichtigtes Öffnen während der Fahrt verriegeln. Manchmal gibt es aber auch eine Zentralverriegelung für alle übereinander liegenden Schubladen.

Man glaubt es kaum, aber selbst in einem Kastenwagen lässt sich Luxus wie in einer heimischen Küche gegen Aufpreis bestellen: Hin und wieder findet sich ein Gas-Backofen oder sogar eine Dunstabzugshaube in der Aufpreisliste.

Voller Durchblick: Ein tiefer Kühlschrank ohne aufgesetzten Schrank bietet ein luftiges Raumgefühl – »freie Sichtachse" nennt das der Fachmann.

Pössl Roadcruiser B

Leichter Zugriff: Ist der Kühlschrank hochgesetzt, leidet zwar das offene Raumgefühl – aber der Rücken dankt's.

Globecar Campscout Elegance

Praktischer Modetrend: Der Kühlschrank befindet sich an der Front des Küchenblocks. So steht die geöffnete Kühlschranktür nicht im Flur im Weg.

Sehr zuvorkommend: Lässt sich die Kühlschranktür von beiden Seiten öffnen, kommt man auch von außen locker an den kühlen Inhalt.

Schneller Eingriff: Ein Auszugmechanismus an der Küchenfront ermöglicht einen besonders leichten Zugang zum gekühlten Inhalt auch von außen.

Volles Programm: Kühlschrank mit danebenliegender Vitrine und darunterliegender Kühlschublade für Kaltgetränke.

BESSER WISSEN

KLAPPERN VERBOTEN

Die Küchenschubladen eines brandneuen Kastenwagens zeichnen sich meist durch eines aus: gähnende Leere. Würde man alles, was man unterwegs braucht, hier einfach hineinstapeln, hätte man durch das Geklapper während der Fahrt keine ruhige Minute mehr – von der mangelnden Ordnung ganz zu schweigen. Hier bietet der Zubehörhandel Abhilfe in großer Auswahl – von der einfachen Antirutschmatte bis hin zu kompletten Ordnungssystemen.

Doch schon kleine Tricks können helfen: textilbezogene Sortierboxen, die zum Beispiel ein bekanntes schwedisches Möbelhaus im Sortiment hat, eignen sich als Raumtrenner in den großen Schubladen. Geschirrhandtücher, die man ja ohnehin an Bord hat, verhindern klappernde Interaktionen zwischen den Töpfen. Und zurecht geschnittene Universal-Antirutschmatten aus weichem Gummi, wie sie zum Beispiel als Unterlage für Teppiche angeboten werden, lassen sich leicht passgenau für die Teller zuschneiden.

Strammer Sitz: Aus einer Matte, die ursprünglich das Vibrieren von Waschmaschinen verhindern sollte, lässt sich hervorragend ein maßgeschneiderter Halter für Gewürzdosen herstellen.

Fester Halt: Solche Matten sollen eigentlich das Verrutschen des Teppichs oder von Gegenständen im Kofferraum verhindern. Passend zugeschnitten funktioniert das auch bei Tellern ganz hervorragend.

Vorübergehend getrennt: Herausnehmbare Schubladenteiler kann man sich auch selbst bauen. Eine Anti-Rutsch-Folie darunter sorgt für den nötigen Grip von Löffeln und Co.

KÜHLSCHRÄNKE

In der Grundausstattung der Kastenwagen ist meist ein Kühlschrank mit 70, 80 oder 90 Liter Nutzinhalt verbaut. Manche Modelle bieten bereits ab Werk ein familientaugliches Volumen von 140 Liter, bei anderen Herstellern kann man gegen Aufpreis einen größeren Kühlschrank ordern. Das Gefrierfach, falls vorhanden, fasst bei den meisten Kühlschränken nicht mehr als 10 Liter.

Zum Vergleich: Die kleinen Haushalts-Kühlschränke, die man aus Ein-Personen-Haushalten kennt, bieten eine Kühlzone von rund 110 Liter und ein 15-Liter-Gefrierfach.

WIE VIEL KÜHLSCHRANK BRAUCHT DER MENSCH?

Wer täglich auswärts essen geht, muss nicht viele Vorräte kühl halten. Wer mit Kindern reist, braucht dagegen eher viel Nutzinhalt. Ein großer und damit hoher Kühlschrank stört allerdings den freien Blick ins Schlafzimmer – was die einen schlecht und die anderen gerade gut finden. Außerdem wiegt ein großer Kühlschrank ein paar Kilogramm mehr und hat einen höheren Energieverbrauch. Bedenken muss man auch, dass im Sommer im Wohnmobil mehr in den Kühlschrank

Auf die Höhe kommt es an: 90 statt 70 Liter machen schon einen großen Unterschied.

gepackt werden muss als in der heimischen Küche, da sonst aus dem aromatisch auf der Anrichte gelagerten Käse schnell ungewollt ein Käsefondue wird. Beim Wintercamping wiederum lassen sich die Vorräte auch außerhalb des Kühlschranks kühl halten. Die Antwort lautet also: Es kommt darauf an.

EINE FRAGE DES PRINZIPS

Es gibt zwei unterschiedliche Funktionsprinzipien der Kälteerzeugung in Wohnmobilen: das Kompressor- und das Absorber-Prinzip. Als Erstausrüster für die Kühlschränke von Kastenwagen teilen sich im Wesentlichen die Firmen Dometic und Thetford den Markt. Beide stellen sowohl

Kompressor- als auch Absorber-Kühlschränke her. In den meisten Fällen ist in Kastenwagen ab Werk aber ein Kompressor-Kühlschrank verbaut.

Glücklicherweise ist es absolut nicht notwendig, die beiden Funktionsprinzipien zu verstehen. Schließlich kommt man mit seinem Auto ja auch wunderbar zurecht, ohne sich jemals eingehend mit der Funktion einer Mehrlenker-Hinterachse oder der geschichteten Benzin-Direkteinspritzung befasst zu haben. Die wissenschaftlichen Erläuterungen zu Kältemitteln, Verdampfern und Kondensatoren kann man sich also sparen – wichtig zu wissen sind nur die Vor- und Nachteile beider Systeme.

KOMPRESSOR – KÜHLUNG DURCH DRUCK

Einen Kompressor-Kühlschrank kennt man aus der heimischen Küche. Er liefert eine sehr gute Kühlleistung – nicht nur in der Küche, sondern auch bei hohen Außentemperaturen. Der Kühlkreislauf wird von einem elektrisch betriebenen Verdichter, dem Kompressor, in Gang gehalten – ohne Strom funktioniert also ein Kompressor-Kühlschrank nicht, mit Gas kann er nichts anfangen. Leider macht ein laufender Verdichter Geräusche: Die rund 35 bis 40 dB(A), die ein Kompressor-Kühlschrank bei laufendem Kompressor von sich gibt, sind im wahrsten Sinne des Wortes zwar nur »flüsterleise«, aber das Geräuschempfinden eines jeden Menschen ist anders. Was der eine gar nicht wahrnimmt, kann dem anderen womöglich den Schlaf rauben.

Klein, aber mein: 5-Liter-Gefrierfach.

Dometic Spezialität: Momentan keinen Bedarf an einem Tiefkühlfach? Dann raus damit.

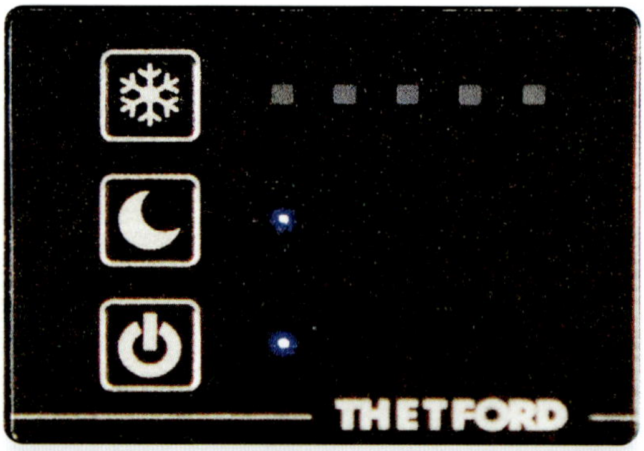

Nachtruhe: Die meisten Kompressor-Kühlschränke verfügen über einen »Silent«-Mode, damit der Verdichter nachts nicht so oft anläuft.

Wen der Kompressor nachts stört, kann als Sofortmaßnahme zwei große Kühlakkus ins Kühlfach legen. Diese speichern die Kälte zusätzlich, so dass der Kompressor nicht mehr so oft laufen muss. Den gleichen Effekt erzielt man natürlich auch, wenn man die Kühltemperatur für die Nacht etwas wärmer einstellt – was bei den meisten Modellen einfach über die Betätigung der Taste »Nachtabsenkung« funktioniert.

ABSORBER – KÜHLUNG DURCH WÄRME

Einen Absorber-Kühlschrank kennt man aus dem Hotelzimmer, nämlich in Form der Minibar. Den Kühlkreislauf eines Absorbers treibt kein elektrischer Motor, sondern die Hitze eines Boilers an, die entweder von einer Gasflamme oder einer elektrischen Heizpatrone erzeugt wird. Ein Absorber-Kühlschrank arbeitet also nahezu geräuschlos und verschleißfrei. An der Rückseite eines Absorber-Kühlschranks muss immer ein Kamin für den nötigen Durchzug sorgen, der sich außen durch zwei recht große (und nicht immer schöne) Lüftungsöffnungen in der Fahrzeugwand zu erkennen gibt.

Erkennungszeichen Absorber von außen: zwei große Lüftungsschlitze.

Anders als beim Kompressor-Kühlschrank ist die Kälteleistung eines Absorbers von der Außentemperatur abhängig: Fällt diese unter 10 Grad, kommt der Kreislauf nicht richtig in Schwung; steigt sie über 35 Grad, lässt die Kühlleistung nach. Generell stößt ein Absorber-Kühlschrank bei zirka 25 bis 30 Grad Unterschied zwischen Außentemperatur und Temperatur im Innern des Kühlschranks an seine Grenzen. Außerdem kann ein Absorber-Kühlschrank sein vollständiges Kühlpotenzial nur dann entfalten, wenn er – und damit das Wohnmobil – annähernd waagerecht steht. Besonders Besitzer eines Absorber-Kühlschranks sollten also lieber nicht ohne Auffahrkeile unterwegs sein, da der Absorber lediglich Neigungen bis 2,5 Grad toleriert.

Absorber-Kühlschränke arbeiten am besten, wenn die Luft möglichst frei durch die beiden Lüftungsgitter zirkulieren kann und dabei nicht noch zusätzlich von außen aufgeheizt wird. Dabei fächelt am oberen Lüftungsgitter nicht nur ein laues Lüftchen – dort kann es durchaus 50, im Extremfall sogar 60 Grad Celsius heiß werden. Also: Die Fahrzeugseite mit den Lüftungsgittern möglichst immer im Schatten parken und für guten Durchzug regelmäßig die Moskitonetze säubern. Um der Wärmeabfuhr bei großer Hitze Beine zu machen, kann der Einbau eines speziellen Ventilators hinter dem oberen Lüftungsgitter helfen. Für tiefe Temperaturen kann man Winterabdeckungen montieren – darf dann aber nicht vergessen, sie im Frühjahr wieder abzunehmen. Außerdem sollte man bei häufigem Gasbetrieb mindestens einmal jährlich den Gasbrenner reinigen.

Wenn man nicht manuell eingreift, sorgt bei heutigen Absorberkühlschränken eine Automatik dafür, dass vorrangig Landstrom zum Betrieb verwendet wird. Ist der nicht angeschlossen, werden die Gasvorräte angezapft. Der 12-Volt-Betrieb wird normalerweise nur während der Fahrt benutzt, und auch nur dann, wenn der Motor läuft. 15 Minuten nach Abstellen des Motors stellt die

Automatik auf Gasbetrieb um. Dieser ist aber an Tankstellen wegen der offenen Flamme verständlicherweise verboten; für längere Tankpausen muss also der Gasbetrieb manuell abgeschaltet werden.

AUF DER FÄHRE

Nicht nur an Tankstellen, auch auf Fähren ist der Betrieb von Gasgeräten grundsätzlich verboten. Doch das muss dem Besitzer eines Absorber-Kühlschranks keine schlaflosen Nächte bereiten. Gelingt es, einen Platz mit 230-Volt-Stromversorgung zu buchen, ist das Problem ohnehin gelöst. Wenn nicht, muss man versuchen, die Kälte möglichst lange im Kühlschrank zu halten. Also: Lebensmittel und Kühlschrank vorher möglichst tief herunter-

Frischer Wind: Ein Gebläse in der Lüftung macht dem Luftstrom Beine und kann Wunder wirken.

Erkennungszeichen Absorber von innen: Verdampfer im Innenraum. Oben kühlt's am besten.

BESSER WISSEN

DER RICHTIGE UMGANG MIT DEM KÜHLSCHRANK

Warum sollte man dem Kühlschrank das Leben schwer machen und ihn erst pünktlich zu Beginn der Reise einschalten? Wer ihn bereits am Vorabend startet, nutzt die tieferen Nachttemperaturen zum Vorkühlen. Sollen gefrorene Produkte aus der heimischen Tiefkühltruhe mit auf die Reise? Bereits jetzt rein damit ins Tiefkühlfach des Wohnmobils – das gibt einen Kälte-Turbo.

Alle Lebensmittel, die man mitnehmen möchte, sollten im Haushaltskühlschrank vorgekühlt werden. Den Kühlschrank im Wohnmobil sollte man nicht zu voll packen, da sonst die Luft nicht richtig zirkulieren kann. Ein letzter Blick vor der Abfahrt auf die mobile Kühlschranktür schützt vor bösen Überraschungen – nur wenn sie wirklich richtig verschlossen ist, läuft die Butter bei der Ankunft nicht über den Boden.

kühlen und gefrorene Kühlelemente hinzufügen. Wer den Kühlschrank anschließend nicht mehr öffnet, dürfte zwölf Stunden über die Runden kommen. Das ist jedoch nicht nur ein Problem des Absorbers, denn bei längeren Fährpassagen kann, je nach Größe der Bordbatterie, auch dem Kompressor-Kühlschrank der Saft ausgehen.

UMRÜSTUNG? LEICHTER GESAGT ALS GETAN

Es wird manchmal empfohlen, dass man doch ein Kompressor-Modell einbauen solle, wenn der Absorber-Kühlschrank nicht den Ansprüchen genügt. Doch ganz so einfach ist das nicht: Bei Haushalts-Kühlschränken sind die üblichen Breiten und Tiefen durch die gängigen Nischenmaße von Einbauküchen weitestgehend identisch. Bei Wohnmobil-Kühlschränken dagegen nicht: Meist haben sogar ein Kompressor– und ein Absorbermodell desselben Herstellers unterschiedliche Abmessungen. Zum anderen sind da beim Absorber die Lüftungsöffnungen in der Fahrzeugwand, die anständig verschlossen werden müssen. Und schließlich muss auch noch die Gasleitung fachmännisch totgelegt werden.

Nicht vergessen: Winterabdeckungen helfen im Winter – aber auch wirklich nur dann.

WOHN-/ESSZIMMER

In vielen aufgebauten Wohnmobilen wie Alkoven oder Integrierten (siehe Kapitel »Bauformen von Wohnmobilen«) sitzt man in einer »Dinette« – was aus dem Englischen übersetzt »Essecke« bedeutet. Eine Dinette ist die Anordnung von zwei gegenüberliegenden Sitzbänken mit einem Tisch dazwischen. In Kastenwagen dagegen entfällt die eine Sitzbank gegen die Fahrtrichtung, im Stand übernehmen die beiden umgedrehten Sitze aus dem Fahrerhaus diese Funktion. Daher spricht man im Kastenwagen von einer »Halbdinette«.

Die weitere Einrichtung des Wohn-/Esszimmers ist schnell aufgezählt: Tisch und Schränke. Fast immer gibt es den Tisch serienmäßig oder gegen Aufpreis mit einer ausdrehbaren Erweiterung; ohne diese sitzt die Person auf dem umgedrehten Beifahrersitz im Abseits. Meist lässt sich der Tisch in einer niedrigeren Position einhängen, um sich als Unterlage für ein Gästebett zweckentfremden zu lassen. Tisch und Sitzbank stehen fast immer auf einem Podest, in dem sich einige kleinere Staufächer verbergen.

Über den Köpfen befinden sich Schränke und Staufächer. Üblicherweise findet sich ein Hängeschrank an der linken Fahrzeugseite und ein Staufach über dem Fahrerhaus – mal mit, mal ohne Klappe. Ohne Klappe wird man über eine erhöhte »Rüttelkante« dankbar sein, damit die Gegenstände in dem Fach auch während der

Seltener Anblick: Halbdinette mit zusätzlicher Sitzbank unter dem Fenster.

Typisch: Halbdinette in einem Kastenwagen. Ohne Tischerweiterung (meist optional) säße der Beifahrer auf seinem drehbaren Sitz im Abseits.

Westfalia Sven Hedin

Mit Hochdach (H2): Üblicherweise sitzt über dem Fahrerhaus ein Staufach mit Klappe oder, wie hier, mit einer Rüttelkante.

Mit Superhochdach (H3): Das höhere Dach wird von den Ausbauern für höhere Schränke genutzt. Der Durchstieg nach vorn ist allerdings auch hier tief – und daher manchmal schmerzhaft.

Fahrt dort bleiben. Solch ein Staufach hat den unbestrittenen Vorteil, dass dort wirklich viel hineinpasst. Er hat aber auch einen spürbaren Nachteil: Der Durchstieg zum Fahrerhaus wird erschwert. Und wer in Eile und in Gedanken unterwegs ist, fängt sich gerne eine saubere Kopfnuss an der Unterkante des Fachs ein.

Ausgebaute Kastenwagen mit Superhochdach sind nicht nur deshalb schwerer als Kastenwagen mit Hochdach, weil sie mehr Blech mit sich herumfahren, sondern auch, weil die zusätzliche Höhe von den Ausbauern für höhere und damit schwerere Schränke mit mehr Stauraum genutzt wird.

Aufgesetzt: Wer mit kleinen Kindern unterwegs seion möchte, sollte darauf achten, dass die Sitzbank über ein Isofix-Befestigungssystem verfügt.

Mehr Höhe: Bei der »Coupé"-Variante entfällt das Staufach über dem Fahrerhaus. Das Raumgefühl ist so deutlich luftiger und der Durchstieg viel höher – aber es entfällt viel Stauraum.

OHNE STAUFACH ÜBER DEM FAHRERHAUS

Seit 2018 gibt es den Trend, dieses Staufach wegzulassen. Es gibt dann zwei Möglichkeiten: Entweder wird der gewonnene Raum dann gar nicht genutzt – was von den Herstellern schmeichelhaft oft als »Coupé« beschrieben wird. Schon dann bietet der Kastenwagen vorn ein ungewohnt üppiges Raumgefühl. Oder die Schräge wird durch den Einbau eines weiteren Dachfensters (»Skyroof«) erhellt, was mit einem sehr luftigen Raumgefühl am Tisch belohnt wird. Oft lässt sich dieses zusätzliche Dachfenster verdunkeln oder sogar öffnen. In beiden Fällen ist dann aber deutlich weniger Stauraum als bei der konventionellen Bauweise vorhanden.

Mehr Licht: Sitzt in der »Coupé«-Variante noch ein Dachfenster im Bug, entsteht ein ganz anderes Raumgefühl.

Mehr Luft: Manchmal lässt sich das Bugfenster sogar öffnen ...

... und dann hat es auch ein Fliegengitter und eine Verdunkelung.

SITZGRUPPE IM HECK

Ein ebenfalls recht neuer Trend bei ausgebauten Kastenwagen ist die Sitzgruppe im Heck, die deutlich mehr Sitzplatz bietet als eine Halbdinette. Auch hier zeigen die Entwickler wieder ihren Ideenreichtum: Umbau des Betts in zwei Längssofas, Umbau des Betts mit zwei Längssofas und einem Tisch dazwischen, Umbau des Betts zu einem Längssofa mit gegenüberliegender Schrankwand oder

Auf den ersten Blick: zwei ganz normale Längs-Heckbetten.

eine stationäre Hecksitzgruppe mit Bug- oder Heckhubbett. Für die Nacht sind also meist Umbauten nötig. Auch die Frage des verfügbaren Heckstauraums und wo die Bettwäsche tagsüber verstaut werden kann, sollte sich jeder Interessierte vor Ort beim Händler anschauen.

Übrigens, der Trend ist neu, die Idee nicht: So konnte schon der ab 2004 gebaute Pössl »for2« mit einer solchen Anordnung aufwarten.

Nach kurzem Umbau: zwei Längssofas mit einer Bodenplatte für die Erdung der Füße.

Auf den ersten Blick: zwei ganz normale Quer-Heckbetten.

Nach kurzem Umbau: zwei Längssofas mit Tisch dazwischen.

Noch ein Sitz mehr: Auch diese U-förmige Sitzgruppe ließe sich zu einem Bett umbauen. Sonst reicht aber vielleicht schon das Bug-Hubbett.

Zum Schlafen kaum Umbau nötig: Über dem Tisch hängt ein Hubbett. Bei so viel Sitzplatz kann auf die sonst übliche Halbdinette verzichtet werden.

Wie im Wohnzimmer: Schrankwand mit ausziehbarem Tisch und Sofa im Heck.

GRUNDRISS FÜR ZWEI PERSONEN

Weniger ist manchmal mehr. Wer stets nur zu zweit auf Reisen geht, braucht vielleicht gar keine Sitzbank für weitere zwei Personen, und vielleicht darf auch der Tisch eine Nummer kleiner ausfallen. Der so gewonnene Platz kann dann einem größeren Bad und zusätzlichen Schränken zugute kommen. Von diesen Grundrissen für zwei Personen gibt es auch einige Modelle zur Auswahl.

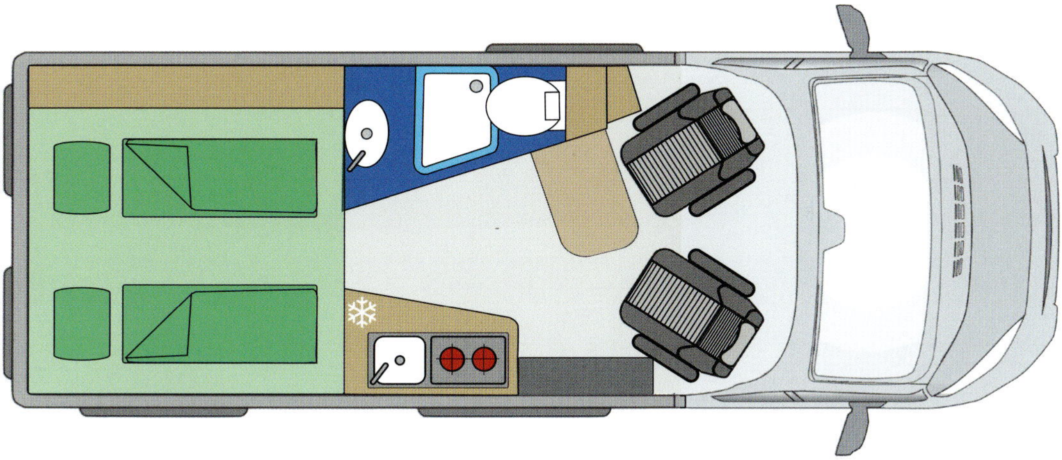

Traute Zweisamkeit: Grundriss für das Gegenteil von Großfamilie. Das Entfallen der Sitzbank schafft Raum für Bad und Schränke.

Maßgeschneidert: Wer ausschließlich zu zweit reist, braucht keine vier Sitzplätze. Der abklappbare Tisch schafft zusätzlichen Raum.

In die Länge gezogen: Der Entfall der Sitzbank kommt der Badgröße sehr zugute.

Pössl P2 Relax

GARAGE

Einen als Wohnmobil ausgebauten Kastenwagen auch als Transporter zu nutzen, ist zwar etwas umständlich, aber es geht. Für den Transport sperriger Güter müssen dann eben Kisten und Kasten aus dem Laderaum geräumt und die Betten hochgeklappt werden. Wer mehr Platz benötigt, nimmt die Betten komplett raus. Bei einem Stockbett ist man damit allerdings eine ganze Weile beschäftigt.

Mit einem Hubbett ist die Prozedur viel leichter: Schalter betätigen und schon fährt die Liegefläche samt Matratze und Bettwäsche hoch. Wer besonders viel Länge benötigt, entfernt auch noch die Schottwand und eventuell vorhandene Treppenstufen – dann hat man eine Lademöglichkeit, die bis nach vorn ins Fahrerhaus reicht.

Diese Möglichkeiten scheiden bei einem Heckbad aus, da hier der Stauraum senkrecht angeordnet ist. Auch bei einem französischen Bett mit Seitenbad ist der Stauraum naturgemäß kleiner. Man kann eben nicht alles haben.

Weinsberg Caratour

Mehr geht nicht: Mit herausgenommenen Betten wird der Laderaum besonders luftig.

Da passt was rein: Durch die herausnehmbare Schottwand reicht die Ladefläche auch hier bis ins Fahrerhaus.

Bei Kastenwagen selten: ein zusätzlicher Außenstauraum.

Überraschung: In den Staukästen im Heck findet sich oft noch manch verstecktes Fach.

Sehr praktisch: Heckauszug für Kleinigkeiten.

Garage wortlich genommen: Bei einem Hubbett kann auch ein Motorrad mit – wenn es die Zuladung zulässt.

Stauraum senkrecht und seitlich: Bei einem Heckbad muss auch hinten umgedacht werden.

Man muss nur wollen: Auch bei einem Heckbad lässt sich zumindest ein Fahrrad mitnehmen.

RUND UM FENSTER UND LUKEN

Dem Wohnmobil-Neuling stehen nach der Lektüre von Prospekten und Fachzeitschriften etliche Fragezeichen über dem Kopf: »Vorgehängte Fenster«? »Hekis«? »Remis-Verdunkelung«? Was ist das alles? Hier eine Übersetzung aus dem Fachchinesischen.

LICHT UND LUFT VON DER SEITE

Bei der Konstruktion der Fenster unterscheidet man zwischen vorgehängten Fenstern und Rahmenfenstern. Ein »vorgehängtes« oder »aufgesetztes« Fenster ist lediglich ein gewölbter Deckel aus Acrylglas, der einen Ausschnitt in der Wand von außen abdeckt. Oben sitzt ein Scharnierband, welches aus zwei Alu-Profilleisten besteht; eine umlaufende Gummileiste verdeckt die Ausschnittkante der Wand und dichtet die geschlossene Scheibe ab. Dieses einfache Prinzip wurde bereits 1966 eingeführt. 1972 kamen doppelwandige Fenster mit einer isolierenden Luftschicht zwischen den Scheiben auf den Markt, seit 1976 gibt es die heute üblichen getönten Acrylglasscheiben, die mehr Schutz vor Sonneneinstrahlung und Einblicke von außen bieten.

1994 brachte die Firma Polyplastik das erste Fenster mit Aluminiumrahmen auf den Markt, wenig später zog das schwäbische Unternehmen Seitz mit Fensterrahmen aus Kunststoff nach. Im Gegensatz zu vorgehängten Fenstern tragen Rahmenfenster nicht auf, sondern sitzen fast bündig in der Wandfläche. Scheibe und Rahmen bilden eine Einheit, daher ist die Passgenauigkeit höher. Auch gegen Einbruchsversuche bieten Rahmenfenster einen etwas höheren Schutz, dafür sind

Aufgesetzter: Ein vorgehängtes Fenster sitzt als Deckel auf der Wandöffnung.

Alles im Rahmen: Ein Rahmenfenster schließt fast bündig mit der Karosserie ab.

BESSER WISSEN

ACRYLGLASSCHEIBEN REINIGEN

Acrylglas ist bruchfest, leicht und UV-beständig. Andererseits ist es gegen Alkohol und andere Lösungsmittel sehr empfindlich. Bei Kontakt mit Lösungsmittel verliert das Acrylglas an dieser Stelle augenblicklich seine Elastizität und wird spröde. Die mögliche Folge: Es können Spannungsrisse entstehen. Zur Reinigung von Acrylglas sollte man also in erster Linie Wasser und, wenn nötig, geeigneten Spezialreiniger verwenden, aber niemals Glas- oder Allzweckreiniger oder Spülmittel. Auch um Scheuermittel sollte man einen weiten Bogen machen, denn Acrylglas ist ziemlich kratzempfindlich.

Verschmutztes Acrylglas wird am besten zunächst mit einem tropfnassen fusselfreien Tuch eingeweicht. Mit diesem Tuch wird die Fensterfläche anschließend ohne Druck großflächig abgewischt und dann mit einem Mikrofasertuch getrocknet.

Auch für die hin und wieder nötige Pflege des Dichtgummis (damit die Scheibe nicht am Gummi klebt und das Gummi geschmeidig bleibt) sollte man nur spezielle, für Acrylglas geeignete Gummipflegemittel verwenden.

Die Kratzempfindlichkeit von Acrylglas lässt sich andererseits aber auch nutzen – denn Kratzer kann man mit einem geeigneten Mittel und etwas Sorgfalt auspolieren.

sie aber auch teurer. Im Jahr 2000 wurde das Unternehmen von Eugen Seitz von Dometic, damals noch Teil des Elektrolux-Konzerns, übernommen.

Wesentlich seltener findet man Schiebefenster. Sie lassen sich nur maximal die halbe Fensterbreite aufschieben. In offene Ausstellfenster kann es kaum reinregnen, in Schiebefenster schon. Dafür können Schiebefenster im Gegensatz zu Ausstellfenstern während der Fahrt geöffnet bleiben.

Ruhe da oben: Bei Windgeräuschen von der Dachluke kann ein zugeschniitenes Stück Pyramidenschaumstoff helfen – kostet nicht viel und wiegt fast nichts.

LICHT UND LUFT VON OBEN

Auch bei der Erfindung des »Heki«, was »Hebe-Kippdach« abkürzt, hatte der Unternehmer Eugen Seitz seine Finger im Spiel. Diese Dachluken lassen sich in verschiedenen Öffnungswinkeln arretieren. In Kastenwagen sind meist zwei Hekis verbaut: ein Midi-Heki in den Maßen 700 x 500 Millimeter vorn und ein Mini-Heki (400 x 400 Millimeter) hinten. Des besseren Lichteinfalls wegen sind diese Acrylglasscheiben nicht getönt. Im Bad kommt bei manchen Modellen noch ein zusätzliches Micro-Heki (280 x 280 Millimeter) zum Einsatz.

VERDUNKELUNG

Wer schon einmal in einem Wohnmobil mit Verdunkelungstüchern hantieren musste, die an der Front- und an den Seitenscheiben umständlich mit Saugnäpfen befestigt werden, wird den Komfortgewinn durch eine einfach zuziehbare Verdunkelung im Fahrerhaus sehr zu schätzen wissen. Fast alle Ausbauer verwenden dafür Produkte der Firma Remis. Tagsüber sitzt die Verdunkelung sauber ziehharmonikamäßig eingefaltet in ihren Rahmen, bei Bedarf kann sie einfach in ihren Führungen ausgezogen werden. Die beiden Hälften der Frontscheibenverdunkelung halten dann magnetisch in der Mitte aneinander fest, die beiden Seitenscheibenverdunkelungen werden eingerastet. Einziger Nachteil: Der obere Führungsrahmen an der Frontscheibe schränkt das Sichtfeld für langgewachsene Fahrer etwas ein.

Auch die Fenster und die Dachluken verfügen üblicherweise über solche Plissees.

INSEKTENSCHUTZ

Jedes stechende oder brummende Insekt, das nicht in den Innenraum des Wohnmobils gelangt, muss auch nicht brutal erschlagen werden – daher ist der Schutz vor Insekten gleichzeitig auch ein Insektenschutz. Normalerweise bietet jedes Fenster und jede Dachluke die Möglichkeit, die Öffnung statt mit der Verdunkelung mit einem Insektengitter zu verschließen. Als zusätzlich sehr hilfreich erweist es sich, wenn auch in der Öffnung der Schiebetür ein verschiebbares Insektengitter vorhanden ist – Luft kann zirkulieren, Brummer nicht. Aber beachten: Vor dem Schließen der Schiebetür muss der Insektenschutz vollständig zurückgeschoben sein, sonst kann er kaputtgehen.

Schnell erledigt: Mit einer Falt-Frontverdunkelung wird es ganz schnell finster.

Einflug verboten: Eine Insektenschutztür hält Brummer draußen.

OLYMPIADE DER KASTENWAGEN 2022

Der Autor dieses Buchs hatte das unbeschreibliche Vergnügen, zu seiner Übersicht in wochenlanger Arbeit eine Tabelle mit sämtlichen Modellen aller namhaften und weniger namhaften Hersteller von ausgebauten Kastenwagen anzulegen. Bei der Auswertung fiel dann einiges Interessantes auf.

Der kürzeste ausgebaute Kastenwagen: Mit seiner L1-Länge von 499 Zentimetern ist der Pössl Vario 499. Ein absoluter Exot bei den Camper Vans – kürzer geht's nicht.

Der längste ausgebaute Kastenwagen: Frankia ist mit dem Yukon 7.0 nicht der einzige Hersteller, der den Sprinter von Mercedes-Benz mit einer Länge von 6,97 Meter verwendet. Der zweitlängste ausgebaute Kastenwagen ist zum Beispiel der VW Grand California 680 mit einer Länge von 6,84 Meter. Beide Basisfahrzeuge gibt es übrigens ab Werk jeweils noch eine Nummer länger, die aber ausgebaut als Wohnmobil nicht zu finden sind: den VW Crafter / MAN TGE mit 7,39 Meter und den Mercedes-Benz Sprinter mit 7,37 Meter.

Kürzester ausgebauter Kastenwagen: Pössl Vario 499 mit nur rund fünf Meter Länge.

Beispiel für den längsten ausgebauten Mercedes-Benz Sprinter: Frankia Yukon mit 6,97 Meter Länge.

Beispiel für den längsten ausgebauten VW Crafter: VW Grand California mit 6,84 Meter Länge.

Höchste Kastenwagen: Oben Knaus 600 Lifetime XL, unten Pössl Concorde Compact – beide 312 Zentimeter hoch.

Der höchste Kastenwagen: Die Latte liegt bei 312 Zentimeter. Dieser Rekord wird gehalten vom Knaus Boxstar 600 Street XL und 600 Lifetime XL, den Weinsberg Modellen Carabus und Caratour 600 MQH sowie den Vario- und Concorde Modellen von Pössl.

Der Kastenwagen mit der größten Stehhöhe: Unter dem etwas über 280 Zentimeter hohen H3-Blechdach schaffen der Knaus Boxstar 630 Freeway, Knaus Boxlife 600 DQ und 630 ME sowie der Weinsberg Carabus und Caratour 600 DQ und 630 MEG stolze 218 Zentimeter in der Senkrechten innen.

Bei den Kastenwagen mit aufgesetztem GfK-Dach kommen die kurzen Vario- und Concorde-Modelle von Pössl mit 245 Zentimetern Stehhöhe ganz groß raus.

Das längste Bett: Die üppigsten Schlafgelegenheiten findet man im Megamobil Re-Aktiv. 220 Zentimeter lautet das stolze Maß im Längsschläfer – Bett, so weit das Auge reicht.

Den Rekord bei den Querschläfern erzielt mit zwei Metern der Westfalia Sven Hedin. Der Trick: ein elektrisch ausstellbarer Erker.

Die aufwändigste Bettenkonstruktion ist der Slide-out in den James Cook-Modellen von Westfalia-Mobil. Staunendes Publikum während der Vergrößerung des Schlafzimmers ist garantiert.

Der größte serienmäßige Kühlschrank: Mit stattlichen 149 Liter Volumen belegen die Modelle von Dreamer Fun D53, D55 Exclusive, Fun D55 Up, Fun D60 und Fun Camper Five den ersten Platz, dicht gefolgt von den 140 Litern im Davis 592 Lifestyle, Dexter 580 und Dexter 625 von Karmann-Mobil.

Der massivste Umbau der Karosserie: Ein GfK-Formteil ersetzt die Hecktüren, oben sitzt ein GfK-Dach – kein anderer Hersteller verändert so massiv die Karosserie für seinen Ausbau wie Globe Traveller. Wobei auch unter diesem Aspekt der Slide-out des Westfalia James Cook keine Kleinigkeit darstellt.

Größte Stehhöhe: Weinsberg Carabus/Caratour 630 MEG mit H3-Dach (hier als »Outlaw" mit abgetrennter Heckgarage): 218 Zentimeter.

Größte Stehhöhe unter dem GfK-Dach: 245 Zentimeter im Pössl Concorde Compact.

Längstes Bett im Längsschläfer: 220 Zentimeter lange Liegefläche im fast sieben Meter langen Megamobil Re-Aktiv 700.

Längstes Bett im Querschläfer: Die 200 Zentimeter im Westfalia Sven Hedin werden durch einen elektrisch ausstellbaren Erker erreicht.

Westfalia James Cook: elektrisch ausfahrbares Bett im sechs Meter langen Sprinter.

Größter serienmäßiger Kühlschrank, zweiter Platz: Im Karmann-Mobil Dexter 625 sitzt ein turmhohes Kühlaggregat mit 140 Liter Volumen.

Der winterfesteste Kastenwagen stammt von Kabe: Statt der üblichen Dämmung mit eingeklebten Matten werden für die Isolierung mit Klebstoff überzogene Pellets per Druckluft in die Zwischenräume eingespritzt, wo sie zu einer 35 bis 50 Millimeter dicken Isoliermasse aushärten. Eine Warmwasserheizung erwärmt auch den Doppelboden, und wie aus Kaufhäusern bekannt, verhindert beim Öffnen der dick isolierten Hecktüren ein Vorhang aus warmer Luft das Einströmen von Kälte. Das kostet: Mit deutlich über 100.000 Euro rangiert der Kabe Van 690 ganz weit oben auf der Preisskala.

Die meisten Modelle: Spitzenreiter ist Pössl, insgesamt 29 Modelle finden sich im Angebot. Die Auswahl bei Knaus beschränkt sich auf 15 Modelle, dafür ist hier die Preisliste mit 32 Seiten die umfangreichste.

Massivster Umbau der Karosserie: Globe-Traveller Voyager X – Hecktüren raus, GfK-Formteil rein.

Winterfestester Camper Van: Wärmedämmung durch Pellets in der Wand, Warmwasserheizung im Doppelboden mit Warmluftvorhang und üppig isolierte Hecktüren.

STROMVERSORGUNG

Bei Anschluss an den Landstrom auf dem Campingplatz sind die Steckdosen im Wohnraum mit 230 Volt Wechselspannung versorgt, und die Batterien werden automatisch auf Vollladung gehalten. Wird aber der Stecker gezogen, ist das Wohnmobil mit seinem 12-Volt-Bordnetz auf sich selbst gestellt. Dann schadet es nicht zu wissen, was da eigentlich vor sich geht.

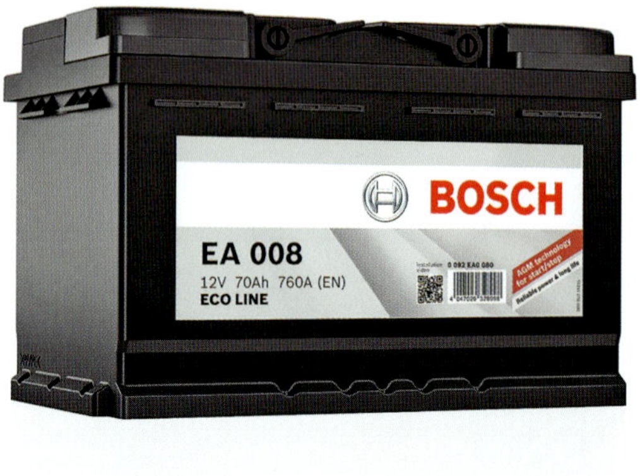

Starterbatterie: Hier ist immer der Maximalstrom angegeben.

BATTERIEN

Genau genommen müsste in diesem Kapitel nicht von Batterien, sondern von Akkumulatoren, oder kurz Akkus, die Rede sein. Akkus sind laut Definition nämlich wiederaufladbar. Batterien sind das nicht – was in einem Wohnmobil auf Dauer sehr unpraktisch wäre. Da aber alle Welt von »Starterbatterien«, »Versorgungsbatterien« und sogar von »Lithium-Ionen-Batterien« spricht, schließt sich dieses Buch der besseren Verständlichkeit wegen der Mehrheit an.

In einem Wohnmobil findet man stets zwei unterschiedliche Sorten von Batterien: eine Starterbatterie und eine Versorgungsbatterie. Die Starterbatterie muss im Wesentlichen nur für einen Zeitraum von wenigen Sekunden einen sehr hohen Strom von mehreren hundert Ampere

BESSER WISSEN

KENNZEICHNUNG VON BATTERIEN

In der Kennzeichnung einer Starterbatterie findet sich der Kaltstartstrom – die Starterbatterie »12 V 77 Ah 780 A« kann also kurzzeitig bis zu 780 Ampere liefern. In der Kennzeichnung einer Versorgungsbatterie dagegen findet man den »C-Wert«, der angibt, wie lange die Batterie einen Strom abgeben kann. »12 V 100 Ah C20« (manchmal auch »12 V 100 Ah (20 h)« geschrieben) bedeutet, dass die Batterie nur dann eine Kapazität von 100 Ah hat, wenn die in ihr gespeicherte Energie nicht schneller als innerhalb von 20 Stunden entnommen wird. Dies entspräche also einer Stromentnahme von 5 Ampere pro Stunde. Verkürzt sich die Zeit, sinkt die Kapazität entsprechend, verlängert sich die Zeit, steigt sie. Steht die Zahl dagegen vor dem C, gibt sie die maximal mögliche Strombelastung im Verhältnis zur Kapazität an. 3C bedeutet zum Beispiel bei einer 100 Ah-Batterie, dass sie kurzzeitig 300 Ampere liefern kann.

BESSER WISSEN

DIE RICHTIGE BEHANDLUNG VON BLEI-BATTERIEN

Die brutale Wahrheit: Batterien mit Blei-Elektroden altern dann, wenn sie gerade nicht geladen werden. Dann nämlich lagern sich Bleisulfatkristalle an den Platten an. »Sulfatierung« nennt man diesen Prozess, der dummerweise isolierend wirkt und so die elektrisch wirksame Plattenoberfläche verkleinert. Das ist normalerweise nicht schlimm, da sich diese Kristalle bei der nächsten Ladung wieder zersetzen und verschwinden. Ab einer gewissen Kristallgröße allerdings funktioniert das nicht mehr vollständig, und damit lässt die Batteriekapazität nach. Man kann eine Blei-Batterie also gar nicht oft genug laden. Das heißt: Die Reise immer mit vollgeladenen Batterien beginnen und währenddessen jede Gelegenheit zum Laden nutzen – neben Landstrom ist hier eine Solaranlage sehr hilfreich. Nach Beendigung der Reise sowie vor Beginn einer eventuellen Winterpause sollte die Batterie 24 Stunden aufgeladen werden. Und zwischendurch am besten auch regelmäßig.

liefern, um den Anlasser anzutreiben. Nachdem durch diesen Kraftakt der Motor angesprungen ist, hat die Starterbatterie ihre Schuldigkeit getan, kann sich zurücklehnen und gemächlich wieder von der Lichtmaschine laden lassen.

Ganz anders sind die Ansprüche an die Versorgungsbatterie. Sie ist für den Wohnraum zuständig, wenn das Wohnmobil nicht am Landstrom hängt. Ihr werden meist kleinere Ströme abverlangt, in erster Linie durch einen Kompressor-Kühlschrank, aber auch durch Licht, Wasserpumpe, Radio oder einen Fernseher. Dies aber über viel längere Zeiträume.

Starterbatterien taugen nicht als Versorgungsbatterien, da sie nicht zyklenfest sind und so die ständigen Ladungen und Entladungen nicht lange mitmachen würden.

FLÜSSIGSÄURE-BATTERIEN

Dieser Urahn aller Versorgungsbatterien ist in modernen Wohnmobilen kaum noch anzutreffen. Im Prinzip handelt es sich dabei um eine Starterbatterie mit dickeren Bleiplatten, was für eine höhere Zyklenfestigkeit sorgt. Bei Flüssigsäurebatterien unterscheidet man zwischen wartungsarmen und wartungsfreien Batterien. Bei wartungsarmen Batterien finden sich auf der Oberseite Verschlussstopfen, um nötigenfalls destilliertes Wasser nachfüllen zu können. Bei dieser Bauform ist die Montage in einer säurefesten Wanne samt einem Überlaufschlauch ins Freie vorgeschrieben. Bei wartungsfreien Batterien, heute der Standard, fehlen die Verschlussstopfen. Man braucht hier nicht nur keine Flüssigkeit mehr nachzufüllen – man kann es auch gar nicht.

Für ein möglichst langes Leben sollte eine Flüssigsäure-Batterie nie tiefer als bis zur Hälfte entladen werden. In diesem Zusammenhang: Man spricht immer von einem »12-Volt-Bordnetz« und einer »12-Volt-Batterie«. Hat eine Blei-Batterie aber tatsächlich eine Spannung von 12 Volt, ist sie bereits über die Hälfte entladen. Eine volle Blei-Batterie hat eine Spannung von 12,7 Volt, geladen wird sie mit einer Spannung von 14,4 Volt.

GEL-BATTERIEN

Bei diesem Batterietyp ist der Elektrolyt zwischen den Bleiplatten nicht flüssig, sondern erinnert eher an Pudding. Gel-Batterien sind damit unempfindlicher gegen Vibrationen, aber träge, was die chemischen Reaktionen angeht. So kann eine Gel-Batterie weder besonders hohe Ströme in kurzen Zeitabständen abgeben – was sie nicht gerade für den Einsatz an einem Wechselrichter (einem Wandler auf 230 Volt Wechselspannung) qualifiziert. Noch kann sie in kurzer Zeit hohe Ströme aufnehmen – was die Ladezeit verlängert. Außerdem – Achtung Wintercamper – schwächelt sie bei tiefen Temperaturen. Ein positives Merkmal dagegen ist die vergleichsweise hohe Zyklenfestigkeit, die über der einer AGM-Batterie liegt.

AGM-BATTERIEN

Bei der AGM-Batterie ist der Elektrolyt in Glasfasermatten gebunden (»AGM« kürzt »absorbent glass mat« ab). In den meisten Kastenwagen sind standardmäßig AGM-Batterien eingesetzt, da sie besser für hohe Stromabgaben und -aufnahmen geeignet und unempfindlicher gegenüber niedrigen Temperaturen sind.

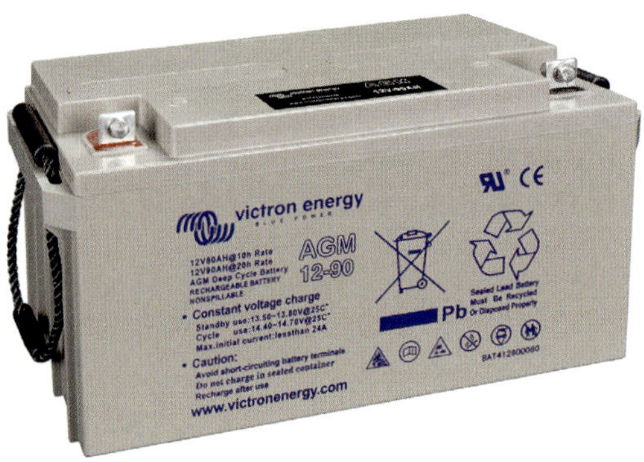

AGM-Batterie: Wegen ihrer Fähigkeit zur Abgabe und Aufnahme hoher Ströme der Serienstandard bei Wohnmobilen.

TIEFENTLADUNGEN MACHEN ALT

Grundsätzlich kostet jeder Ladezyklus eine Batterie Lebenszeit: Sie verliert nach und nach von ihrer ursprünglichen Kapazität. Dabei kann sich ein Ladezyklus durchaus über mehrere Tage erstrecken: Beispielsweise wird eine Batterie an einem Tag um 20 Prozent entladen und wieder aufgeladen, am nächsten Tag das gleiche Spiel um 50 und am dritten Tag um 30 Prozent – erst nach einer anschließenden Vollladung ist dieser eine Ladezyklus abgeschlossen.

Wie viele Ladezyklen eine Batterie bei annähernd gleichbleibender Kapazität durchhalten wird, ist von der durchschnittlichen Tiefe der Entladungen abhängig. In den Datenblättern einiger Hersteller findet sich dazu ein Diagramm, das die Menge der Ladezyklen in Abhängigkeit von der Entladungstiefe »DoD« (Abkürzung vom englischen »depth of discharge«) darstellt. Bei DoD 90 Prozent ist die Batterie fast leer, bei DoD 10 Prozent fast voll. Wenn eine Blei-Batterie ständig sehr tief entladen wird, brennt ihre Lebenskerze gleich an beiden Enden. Das ist bei Bleikristall- und LiFePO4-Batterien anders.

DOPPELT GEMOPPELT HÄLT BESSER

Wer die Batteriekapazität durch den Einbau einer zweiten Versorgungsbatterie verdoppelt, halbiert dadurch gleichzeitig die bisherige Entladung der einzelnen Batterie – und verlängert so deren Lebensdauer ganz erheblich. Allerdings verdoppelt sich auch das Gewicht des Ladungsspeichers. Bei der oft knappen Zuladung eines Kastenwagens können die zusätzlichen 27 Kilogramm einer weiteren 95-Ah-Batterie durchaus weh tun.

Wichtig für eine nachträgliche Aufrüstung: Es dürfen nur Batterien gleicher Kapazität und gleichen Typs (also Gel mit Gel oder AGM mit AGM) kombiniert werden. Außerdem sollte der Altersunterschied zwischen den beiden Batterien möglichst nicht größer als ein Jahr sein, da ansonsten die ältere und damit schlappere Batterie die Leistungsfähigkeit des Doppelpacks bestimmt.

Das Ladegerät muss in der Lage sein, den erforderlichen nun doppelt so hohen Ladestrom liefern zu können – ansonsten dauert das Laden der zwei Batterien doppelt so lang. Als Faustregel gilt für Blei-Batterien, dass der Ladestrom ungefähr 10 Prozent des Kapazitätswerts betragen sollte – bei zwei Batterien à 95 Ah sollte das Ladegerät für die resultierenden 180 Ah also mindestens 18 Ampere liefern können.

BLEI-KRISTALL-BATTERIEN

Die auch »Lead-crystal« oder »BK« genannten Batterien zählen eher zu den Exoten in der Wohnmobil-Batterie-Szene. Nach der ersten Ladung verbindet sich die Batteriesäure mit dem beigemischten Siliziumoxyd zu einem kristallinen Pulver (daher »Kristall«), so dass sich anschließend nichts Flüssiges mehr zwischen den Bleiplatten befindet. Mit ihren prognostizierten mehreren 1000 Zyklen, der Unempfindlichkeit gegenüber Tiefentladungen und dem gegenüber einer LiFePO4-Batterie günstigeren Preis kann sie eine echte Alternative sein. Allerdings wiegt sie so viel wie eine AGM-Batterie und hat damit gegenüber LiFePO4-Batterien einen gewichtigen Nachteil.

LiFePO4-Batterie mit 150 Ah: entspricht einer Kapazität von drei AGM-Batterien mit je rund 100 Ah. Die LiFePO4-Batterie wiegt aber 60 Kilogram weniger und passt unter den Sitz.

BLEI-KOHLENSTOFF-BATTERIEN

Bei Blei-Kohlenstoff-Batterien (»Lead carbon«) werden die negativen Platten aus einer Mischung von Blei und Kohlenstoff hergestellt. Sie reagieren mit weniger Sulfatierung, wenn sie nur teilweise geladen sind und haben dadurch eine höhere Lebensdauer. Außerdem lassen sie sich schneller laden.

LITHIUM-EISENPHOSPHAT-BATTERIEN (LIFEPO4)

Lithium-Ionen-Batterien sind mittlerweile in allen Lebensbereichen zu finden, in Wohnmobilen handelt es sich um Lithium-Eisenphosphat-Batterien (LiFePO4).

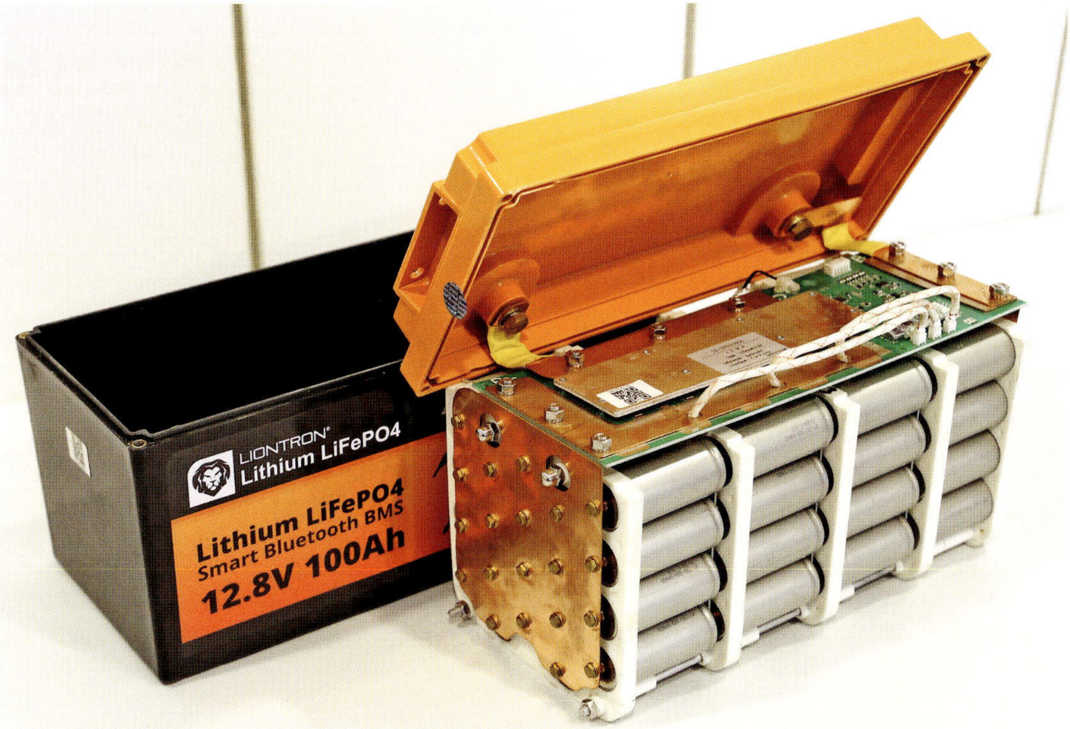

Aufbau einer LiFePO4-Batterie: Obendrauf sitzt das BSM, darunter die Einzelzellen dicht an dicht.

BESSER WISSEN

ALLES LITHIUM, ODER WAS?

Die Familie der Lithium-Ionen-Batterien ist groß: Lithium-Cobaltdioxid-Batterien (LiCoO2) werden in nahezu allen Mobiltelefonen und Laptops eingesetzt. Lithium-Nickel-Mangan-Cobalt-Batterien (kurz NMC oder auch NCM) liefern in den meisten Elektroautos und in kabellosen Elektrowerkzeugen die Energie. Lithium-Nickel-Cobalt-Aluminium-Batterien (kurz NCA) werden ebenfalls für Elektro-Werkzeuge verwendet, aber auch der Autobauer Tesla verwendet sie für seine Elektroautos.

Im Gegensatz zu den anderen Batterien kann man eine LiFePO4-Batterie fast vollständig entladen, ohne dass sie Schaden nimmt. Damit hat eine LiFePO4-Batterie mit 100 Ah ungefähr die gleiche nutzbare Kapazität wie zwei AGM-Batterien mit je 95 Ah – wiegt aber rund 40 Kilogramm weniger als der bleierne Doppelpack. Außerdem erlauben LiFePO4-Batterien eine höhere Stromentnahme, ohne dass dabei die Spannung zusammenbricht – womit sie bestens für den Anschluss eines Wechselrichters geeignet sind. Und da sie sich schneller laden lassen, bilden sie auch das ideale Energie-Auffangbecken für Solaranlagen. Ihre Nachteile: Sie sind teuer und lassen sich bei tiefen Temperaturen (5 bis 10 Grad) nur schlecht oder gar nicht mehr laden.

UMRÜSTUNG SINNVOLL?

Wer mit seiner bisherigen Blei-Batterie gut klarkam, kann sich die Investition in eine LiFePO4-Batterie sparen. Auch wird immer wieder die enorm hohe Zyklenfestigkeit von LiFePO4-Batterien als ein besonders großer Vorteil dargestellt, der den hohen Anschaffungspreis durch die lange Lebensdauer wettmachen würde. Wirklich? Ein kleines Rechenbeispiel macht nachdenklich: Angenommen, ein Wohnmobil wäre im Schnitt zehn Wochen und damit 70 Tage im Jahr unterwegs. Dabei würde die Batterie jeden Tag den pfleglichen Zyklus »zur Hälfte entladen und wieder laden« durchmachen, was also »DoD 50 Prozent« entspricht. Eine Gel-Batterie würde unter diesen Umständen rein theoretisch 600 Zyklen, damit 1200 Reisetage und somit 17 Jahre durchhalten. Eine AGM-Batterie würde eher 400 Zyklen, 800 Reisetage und damit über elf Jahre schaffen. So weit, so ordentlich. Bei einer LiFePO4-Batterie mit ihren prognostizierten (es gibt noch keine entsprechenden Langzeiterfahrungen) mindestens 2000 Zyklen kommt man mit dieser Rechnung auf eine Lebensdauer von 57 Jahren. Beindruckend, aber in Bezug auf die Lebensdauer eines Wohnmobils (und auch auf die Lebenserwartung des Halters) vielleicht ein wenig überdimensioniert.

Wer allerdings feststellt, dass sich seine Gewohnheiten (weniger Campingplätze, mehr Autarkie, neue E-Bikes), die Begleitperson (neue Lebensgefährtin mit Fönfrisur, die einen Wechselrichter nötig macht) oder der jugendliche Übermut (nie mehr überladen fahren) verändert haben – für den kann eine Umrüstung durchaus sinnvoll sein.

TAUSCHGESCHÄFT

Viele Hersteller locken damit, dass der Austausch einer Blei-Batterie gegen eine LiFePO4-Batterie problemlos möglich sei, aber es gibt hier einige Stolpersteine. Der kleinere: Unter Umständen ist die Anordnung von Plus- und Minuspol vertauscht: Dann passen die Anschlusskabel nicht mehr. Der größere: Das eingebaute Ladegerät kennt möglicherweise nur Ladekennlinien für AGM- und Gel-, nicht aber für LiFePO4-Batterien. Das ist zwar grundsätzlich kein Hindernis: AGM-Batterien werden mit einer Ladeschlussspannung von 14,7 bis 14,8 Volt geladen – was übrigens genau das bedeutet, was das Wort aussagt: »Wann ist mit der Ladung Schluss?« 14,7 bis 14,8 Volt sind allerdings zu viel für LiFePo4-Batterien, die nach nur 14,4 bis 14,6 Volt verlangen. Die Ladeschlussspannung für Gel-Batterien von 14,4 Volt passt. Allerdings wird für den Geschmack einer LiFePO4-Batterie nach Erreichen der Ladeschlussspanung noch viel zu lange nachgeladen. Das kann für den Austauschwilligen zweierlei bedeuten: Entweder darf man die Ladung der Batterie über Landstrom nicht unbeaufsichtigt lassen, sondern muss sie im richtigen Zeitpunkt manuell beenden – und gefährdet unter Umständen trotzdem die Garantieansprüche für die teure Batterie. Oder, die deutlich bessere Lösung: Man lässt sich vom Batteriehersteller bestätigen, dass die LiFePO4-Batterie mit einem Batterie-Management-System (BSM) ausgestattet ist, das auch mit der Kennlinie einer Gel-Batterie klarkommt.

WIE VIEL BATTERIE BRAUCHT DER MENSCH?

Das kommt ganz darauf an und hängt vom persönlichen Energieverbrauch ab. Gehen die Reisen in warme oder kalte Gefilde? In warmer Umgebung muss der Kühlschrank sein Bestes geben. Bei tiefen Temperaturen hat er häufig Pause, dafür braucht nun das Heizungsgebläse viel Strom. Werden die Abende am Fernseher oder energiesparender mit einem Buch verbracht? Die Jahreszeit spielt nicht nur wegen der Temperatur eine Rolle, da ja im Herbst und Winter auch das Licht viel länger angeschaltet bleibt.

Wer seinen Urlaub auf Campingplätzen verbringt, den braucht das alles nicht zu interessieren, da hier der Strom ja aus der Dose kommt. Wer aber öfter autark unterwegs sein möchte, sollte vorher seinen ganz persönlichen Energiebedarf zumindest einmal grob überschlagen. Und das geht so: Da die Kapazität einer Batterie in Amperestunden (Ah) angegeben wird, ermittelt man der Einfachheit halber die Entladungen in derselben Einheit. Dazu multipliziert man die Stromaufnahme eines jeden Verbrauchers mit seiner täglichen Nutzungsdauer in Stunden, zählt alle ermittelten Amperestunden zusammen und erhält so die tägliche Entladung.

Die in der Beispielrechnung aufgeführten Entladungen gelten für Camper, die täglich viele Stunden am Fernseher, Radio und Laptop verbringen. Wer lieber Bücher liest und im Urlaub prinzipiell nicht arbeitet, spart gegenüber der Beispielrechnung im Sommer schon einmal 10 Ah. Zudem entspannt sich die Lage, wenn man über eine Solaranlage verfügt oder häufig den Standort wechselt und so durch das Fahren die Batterie wieder auflädt.

Und bei allen Berechnungen über die theoretisch mögliche autarke Standzeit sollte man nicht vergessen: Oft ist eine volle Toilettenkassette der begrenzende Faktor, nicht eine leere Batterie.

BEISPIELRECHNUNG FÜR ENTLADUNG IM SOMMER UND WINTER

		Sommer		Winter	
Verbraucher	**Stromaufnahme (A)**	**Stunden**	**Entladung am Tag (Ah)**	**Stunden**	**Entladung am Tag (Ah)**
Kompressor-Kühlschrank, Tagbetrieb) Kompressor-Kühlschrank Nachtbetrieb	1,5 1,0	16 8	32,0	0 24	24,0
Wasserpumpe	3,0	0,5	1,5	0,5	1,5
Heizungsgebläse	2,0	0	0,0	12	24,0
Aufladen von Akkus (Smartphone, Kamera über USB 2.0)	0,5	2	1,0	2	1,0
Arbeiten am Laptop	3,5	1	3,5	2	7,0
LED-Fernseher inkl. Receiver	2,5	2	5,0	4	10,0
Bordradio	1,5	1	1,5	2	3,0
LED-Licht (2 Stück à 2,5 Watt)	0,4	3	1,2	6	2,4
Summe			**45,7**		**72,9**

LADEBOOSTER

Bei abgeschaltetem Motor sorgt ein Trennrelais dafür, dass Versorgungs- und Starterbatterie elektrisch voneinander getrennt sind, damit die Starterbatterie durch den Stromverbrauch im Wohnbereich nicht entladen werden kann. Im Fahrbetrieb dagegen sind die beiden Batterien miteinander verbunden, damit eine entladene Versorgungsbatterie wieder aufgeladen werden kann. Bei neueren Fahrzeugen (ab Abgasnorm Euro 6, teilweise auch schon ab Euro 5) hat diese Sache allerdings einen Haken: Im Rahmen sich stetig verschärfender Abgasnormen müssen die Autohersteller an allen Ecken und Enden des Fahrzeugs nach Einsparmöglichkeiten beim Spritverbrauch suchen. Eine dieser Möglichkeiten ist die sogenannte »intelligente Lichtmaschine«. Eine Lichtmaschine lässt sich, wenn sie Strom produziert, schwerer drehen. Dies belastet den Motor – was er mit erhöhtem Spritverbrauch bestraft. Also schaltet sich eine intelligente Lichtmaschine ab, wenn die Starterbatterie voll ist, und nur dann wieder an, wenn ein starker Verbraucher Strom benötigt. Als voll gilt die Starterbatterie allerdings schon, wenn sie nur zu 80 Prozent geladen ist, damit sie noch Platz für die Ladung bei Bergabfahrt oder im Schiebebetrieb (»Rekuperation«) hat – es wird wirklich mit allen Tricks gearbeitet. Das bedeutet: Die Ladephasen sind meist nur kurz. Schlimmer noch: Die Versorgungsbatterie, die huckepack der Starterbatterie ausgeliefert ist, wird nicht ständig als Verbraucher erkannt – sogar dann nicht, wenn sie dringend eine Ladung nötig hätte.

HELFERSYNDROM

Die Lösung dieses Problems ist ein Ladebooster. Dieser wird in die Ladeleitung zwischen Starter- und Versorgungsbatterie geschaltet und signalisiert bei Bedarf der Starterbatterie »Ich bin ein starker Verbraucher und brauche Strom«. Nun passiert das Gleiche wie beispielsweise beim Einschalten des Fahrlichts, der Sitzheizung oder einer 2000-Watt-Musikanlage: Der Generator liefert. Damit dies gut und schnell funktioniert, setzt man für 100-Ah-Versorgungsbatterien Ladebooster mit 25 Ampere, für größere Kapazitäten oder LiFePO4-Batterien, die ja schnell und viel Strom aufnehmen können, sogar solche mit 45 Ampere Ladestrom ein. Dennoch: Wer gleichzeitig mit Fahrlicht, Sitzheizung und laut aufgedrehter Musik unterwegs ist, verringert dadurch den Ladestrom.

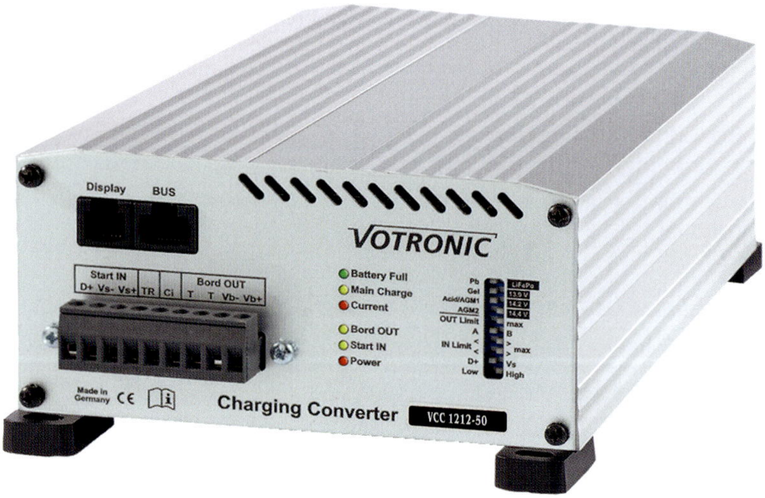

Da geht was: Mit 50 Ampere Ladestrom ist die Batterie ruckzuck wieder voll.

Das Kunststück ist, die Batterie möglichst schnell vollzuladen, ohne sie anschließend zu überladen. Auf welche Weise ein Batterieladegerät das anstellt, sagt seine so genannte Kennlinie aus. Gängig sind das IU- und das IUoU-Ladeverfahren. Wichtig ist hier nur zu wissen: Mit einer IU-Kennlinie kommen nur LiFePO4-Batterien dauerhaft klar, alle anderen verlangen nach dem IUoU-Ladeverfahren, da ihnen damit keine Gefahr der Überladung droht und gleichzeitig die Selbstentladung der Batterie ausgeglichen wird.

Ein Ladebooster gehört übrigens oft nicht zur Serienausstattung eines Kastenwagens, sondern muss extra bestellt werden.

SOLARANLAGE

Immer mehr Camper möchten autark, also unabhängig, sein. Unabhängig nämlich in erster Linie von einer Steckdose und damit auch von einem Campingplatz. Wenn die Solaranlage (die ganz korrekt »Photovoltaik-Anlage« genannt wird) mindestens so viel Ladung liefern könnte wie täglich entnommen würde, wäre die Steckdose Vergangenheit.

Nicht nur für die Größenberechnung einer Batterie, sondern auch zur Abschätzung der nötigen Größe einer Solaranlage lohnt es sich also, die Entladungen wie im Batterie-Kapitel beschrieben einmal grob zu überschlagen. Diese tägliche Entladung in Ah mal drei ergibt ungefähr die nötige Leistung in Wp. Oder als anderer Anhaltspunkt: Zwischen Frühjahr und Herbst bei gutem Wetter in Deutschland kann ein Solarmodul mit 60 Wp rund 16 Ah, eins mit 90 Wp zirka 23 Ah und eins mit 120 Wp vielleicht 33 Ah Entladung ausgleichen.

Platz ist auf der kleinsten Hütte: Hier ließen sich noch zwei weitere Module mit 100 Wp unterbringen.

BESSER WISSEN

STRAHLUNGSLEISTUNG

Im Weltall beträgt die ungedämpfte Strahlungsleistung 1367 Watt pro Quadratmeter. Auf die Erdoberfläche gelangt davon wegen des schrägen Einfallswinkels und der Erdatmosphäre aber nur ein Bruchteil. In Deutschland beträgt die Strahlungsleistung bei klarem Himmel zwischen 600 und 1000 W/m², reduziert sich bei leichter Bewölkung auf 300 bis 600 W/m² und fällt bei starker Bewölkung auf mickrige 100 bis 300 W/m² ab. Im Winter sieht es naturgemäß noch düsterer aus: Bei klarem Himmel liegen zwischen 300 und 500 W/m² drin, bei leichter Bewölkung 150 bis 300 W/m² und bei starker Bewölkung mit nur noch 50 bis 150 W/m² fast gar nichts mehr.

WATT? WATT PEAK?

Üblicherweise wird das Leistungsvermögen eines Solarmoduls mit der Maßeinheit »Wp« beschrieben. Die Nennleistung »Watt peak« beschreibt die Leistungsabgabe in Watt unter Normbedingungen. Als Normbedingungen sind eine Strahlungsleistung von 1000 Watt pro Quadratmeter und eine Modultemperatur von 25°C festgelegt. Dummerweise wird diese Strahlungsleistung, zumindest in Deutschland, nur selten erreicht. Deshalb liegt die tatsächliche Leistungsabgabe der Module meist unterhalb der angegebenen Nennleistung. Fairer ist also die Angabe von »Wh pro Tag«. Teilt man diesen Wert durch die voraussichtliche Sonnenscheindauer in Stunden pro Tag am Aufenthaltsort, erhält man einen guten Anhaltspunkt für die tatsächliche Energieabgabe pro Tag.

Wem die ganze Rechnerei zu viel ist: Die von den Herstellern optional angebotenen Anlagen mit meist rund 100 Wp dürften für die meisten Camper ausreichend sein. Und wenn es doch nicht genug ist: Die autarke Standzeit wird damit zumindest verlängert. Außerdem bietet eine Solaranlage der Batterie einen wirksamen Schutz gegen Tiefentladung.

Wer von allem nie genug bekommt, kann natürlich auch eine üppige Anlage mit 200 Wp oder mehr installieren – Platz dafür ist auf den meisten Kastenwagen-Dächern vorhanden. Dann aber braucht man auch eine entsprechend große Batterie-Kapazität, um die Menge an Ladung nicht durch eine bereits volle Batterie ungenutzt verpuffen lassen zu müssen.

ZELLBIOLOGIE

Eine Solarzelle kann quadratisch, rechteckig oder streifenförmig sein. Je größer ihre Oberfläche ist, desto mehr Strom kann sie liefern,

Mehr Zellen, mehr Dampf: Ein Modul mit 40 Zellen liefert eine Spannung von 21 statt der sonst üblichen 17 Volt aus 36 Zellen.

da sie mehr Sonnenlicht einfangen kann. Die Spannung einer einzelnen Solarzelle ist sehr gering. Daher sind in einem Solarmodul viele dieser einzelnen Zellen hintereinandergeschaltet. Die gängigsten Module bestehen aus 36 quadratischen Zellen und liefern eine Spannung von mindestens 17 Volt. Die Quadrate sind häufig im Schema »vier breit, neun hoch« angeordnet, es gibt aber auch schmale Module in »drei mal zwölf«.

Hochwertige Module mit 40 Zellen bringen es sogar auf 21 Volt. Direkt an die Versorgungsbatterie angeschlossen, würde ein Solarmodul mit einer solch hohen Spannung die gesamte 12-Volt-Bordelektrik aber augenblicklich ins Jenseits befördern. Daher kommt hier der zweite unverzichtbare Bestandteil einer Solaranlage ins Spiel: der Solar-Laderegler. Er begrenzt die Spannung auf ein verträgliches Maß, schützt die Batterie bei langer Sonneneinstrahlung vor Überladung und verhindert auch, dass bei Dunkelheit Strom aus der Batterie zu den Solarmodulen zurückfließen kann.

VIEL HILFT VIEL

Besonders hochwertige Module bestehen aus 72 kleineren, rechteckigen Zellen. So ist die Chance größer, dass sich bei teilweiser Beschattung noch einige Zellen in der Sonne befinden.

Bei CIS-Modulen dagegen zieht sich jede Zelle als schmaler Streifen entlang der gesamten Modullänge. Die Stromproduktion eines solchen Moduls kommt erst dann komplett zum Erliegen, wenn es vollständig im Schatten liegt. CIS-Module sind allerdings größer und schwerer als die anderen Module. Die Abkürzung CIS steht für die Bestandteile der Zellen: Kupfer (Cu), Indium (In) und Selen (Se).

Damit die Solaranlage möglichst viel Strom liefert, muss sie möglichst viel Sonne abbekommen. Ist das Solarmodul fest auf dem Fahrzeugdach montiert, heizt das Stehen in der prallen Sonne aber gleichzeitig auch den Innenraum des Wohnmobils auf – was wiederum den (Kompressor-)Kühlschrank zu einem hohen Stromverbrauch veranlasst.

Solar-Laderegler: Hier könnte unter außerordentlich günstigen Umständen die Sonne mit bis zu 50 Ampere zur Ladung beitragen.

Bis zum Schluss: Ein CIS-Modul mit seinen streifenförmigen Zellen liefert erst dann keine Spannung mehr, wenn es vollständig im Schatten liegt.

BESSER WISSEN

UNTERSCHIED ZWISCHEN PWM UND MPPT

Man unterscheidet bei Solar-Death Ladereglern zwischen zwei Funktionsweisen: PWM (pulse width modulation = Pulsweiten-Modulation) und MPPT (max power point tracking = automatische Einstellung des Arbeitspunktes für maximale Leistung). Die teureren MPPT-Laderegler können bei Teilverschattung des Moduls und bei kühlerem Wetter einen bis zu 30 Prozent höheren Energie-Ertrag als PWM-Module liefern und sind besonders für die Speisung von LiFePO4-Batterien empfehlenswert. Auch bei einem Solarmodul mit 40 Zellen kann ein MPPT-Laderegler seine Vorteile ausspielen.

BEWEGLICHES WIRTSCHAFTSGUT

Mit einem mobilen Solarpanel kann das Wohnmobil im Schatten stehen, während das Solarmodul einige Meter weiter in der prallen Sonne powert. Da man solch ein Modul im Gegensatz zur Dachvariante leicht forttragen kann, sollte man aber besser auch gleich eine Diebstahlsicherung mitbestellen. Energetisch gesehen sind mobile Module die bessere, allerdings durch den erforderlichen Auf- und Abbau auch die weitaus unpraktischere Wahl.

Ich packe meinen Koffer: Solche trag- und faltbaren Lösungen sind besonders praktisch.

ELEKTROBLOCK

Der Elektroblock (abgekürzt »EBL«) ist im Prinzip ein Sicherungskasten mit Zusatzfunktionen. Am Elektroblock laufen alle 12-Volt-Stromfäden, jeweils einzeln abgesichert, zusammen – zum Beispiel Kühlschrank, Heizung, Frostschutzventil, Beleuchtung und elektrische Trittstufe. Außerdem sorgt der Elektroblock dafür, dass Starter- und Versorgungsbatterie nur dann miteinander verbunden sind, wenn der Motor läuft, damit eine leere Versorgungsbatterie nicht auch noch die dringend benötigte Starterbatterie entladen kann.

Wird Landstrom angeschlossen, sorgt der Elektroblock mit seinem eingebauten Ladegerät mit meist 20 Ampere für das Laden der Versorgungsbatterie, außerdem werden nun die Bordsteckdosen mit 230 Volt versorgt.

Ein Batterie-Trennschalter bietet die Möglichkeit, für längere Stilllegungen alle elektrischen Verbraucher vollständig abzutrennen, um eine Tiefentladung der Batterie durch ständig nagende Kleinverbraucher wie Bedien- und Anzeigepanels zu vermeiden. Ist das Wohnmobil an den Landstrom angeschlossen, funktioniert die Ladung der Versorgungsbatterie dann üblicherweise trotzdem weiter.

Damit der Elektroblock mit seinen Sicherungen auch zugänglich ist, findet man ihn meist in der Konsole unter dem Fahrersitz, manchmal aber auch unter der Sitzbank oder im Heckstauraum.

BEDIENPANELS UND ANZEIGEN

Jedes Wohnmobil verfügt über eine zentrale Anzeigeeinheit, auf der neben den ungefähren Füllständen von Frisch- und Grauwassertank auch der Batteriefüllstand angezeigt wird, meist simpel über mehrstufige LED-Zustandsanzeigen. Diese Anzeige präsentiert lediglich die momentane Batterie-Spannung. Da die Spannung aber je nach Batterietyp noch ziemlich lange halbwegs konstant bleiben kann, bevor sie auf einmal in den Keller geht, kann diese Anzeige auch trügerisch sein.

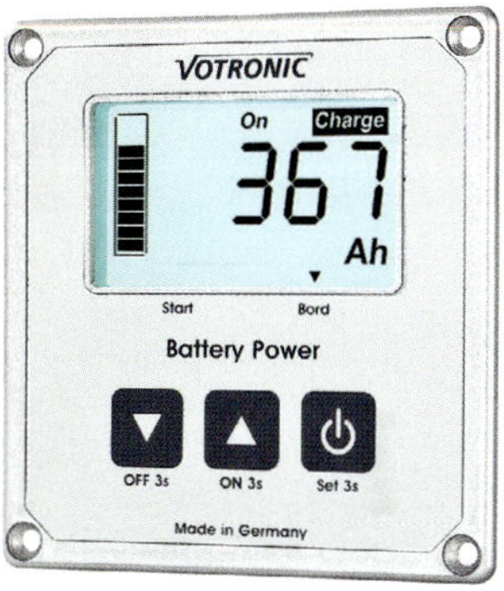

Tiefer Einblick: Ein Batterie-Computer offenbart die Spannung von Bord- und Starter-Batterie, den momentan fließenden Strom, die verbleibende Kapazität in Ah oder Prozent und die Restlaufzeit in Stunden.

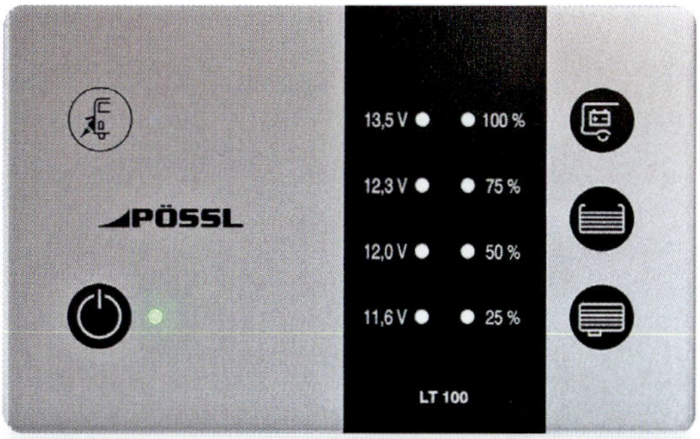

Grober Überblick: In Sachen Batteriestatus lässt sich nur grob ablesen, ob die Batterie voll, mittel oder kaum noch geladen ist. Der 12-Volt-Haupschalter schaltet nicht alles komplett ab, der Batterie-Trennschalter am Elektroblock dagegen schon.

Genauer ist hier ein Batterie-Computer. Der ermittelt nämlich exakt, wieviel Restkapazität in Prozent die Batterie noch hat und für wie lange bei aktuellem Stromverbrauch die Puste noch reicht. Vor allem aber zeigt er den momentan fließenden Lade- und Entladestrom an. So lässt sich zum Beispiel live die Wirksamkeit einer Solaranlage ablesen oder durch einfaches Ein- und Ausschalten einzelner Verbraucher deren Stromhunger exakt ermitteln.

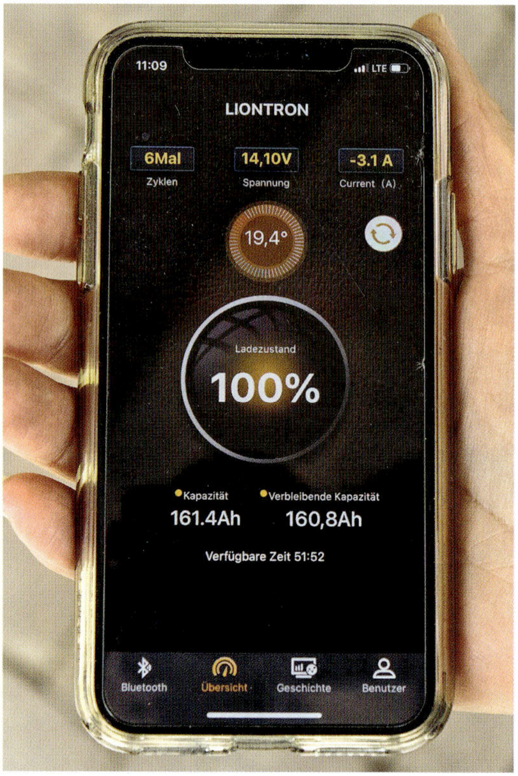

Eine ähnliche Funktion bieten die Batterie-Management-Systeme mancher LiFePO4-Batterien. Hier können Restkapazität sowie Lade- und Entladeströme über eine Bluetooth-App auf dem Mobiltelefon angezeigt werden.Richtig komfortabel wird es, wenn ein Fahrzeughersteller bei seinem Wohnmobil Fahrzeug und Wohnraum miteinander vernetzt. Beispiel Mercedes-Benz: Per MBUX (»Mercedes-Benz User Experience«) gibt eine freundliche Damenstimme dem Fahrer bereitwillig Auskunft auf gesprochene Fragen wie »Wie ist das Wetter am Zielort?« oder »Wie weit kann ich noch fahren?«. Und per MBAC (»Mercedes-Benz Advanced Control«) beispielsweise lassen sich zentral im Fahrzeug oder über eine Smartphone-App nicht nur die Stände von Batterie und Wasser abfragen, sondern auch Licht, Heizung, Kühlschrank oder Klimaanlage steuern.

Aus der Ferne: Manche Batteriehersteller liefern gleich eine App fürs Smartphone mit, über die sich zum Beispiel der momentan fließende Strom, der Ladezustand und die bisherige Zyklenzahl der LiFePO4-Batterie abfragen lässt.

MBAC von Mercedes-Benz: Mit diesem Multimediasystem oder über das Smartphone lassen sich Komponenten wie zum Beispiel die Heizung steuern und Statusinformationen abrufen.

Eigenbau: Statt mit einer seitlichen Lichtleiste liest es sich mit Licht direkt ins Buch viel besser.

LICHT

Dass man eine LED-Leuchte im Wohnmobil austauschen muss, weil sie kaputt ist, zählt zu den eher selteneren Tätigkeiten. Da diesen Leuchtmitteln eine Lebensdauer von bis zu 50.000 Stunden bescheinigt wird, ist bei einer Wohnmobilnutzung von 70 Tagen im Jahr mit drei Stunden Beleuchtung am Tag ein Austausch theoretisch erst nach 240 Jahren erforderlich.

Dafür kann sich aber ein Tausch gegen ein anderes LED-Leuchtmittel lohnen – dann nämlich, wenn das Licht im Camper Van nicht zu den individuellen Vorlieben passt. Wer entspannt lesen möchte, braucht an diesem Platz ein gerichtetes, nicht allzu helles, neutralweißes Licht: Hier bietet sich ein Leuchtmittel mit 30 Grad Abstrahlwinkel, einem Lichtstrom von rund 200 Lumen und einer Farbtemperatur von 4000 Kelvin an. Für eine ordentliche Rundum-Ausleuchtung dagegen ist ein breiter Abstrahlwinkel von 120 bis 130 Grad und ein Lichtstrom von mindestens 230 Lumen in einem warmweißen Farbton (3000 Kelvin) geeignet.

LED-Leuchten sind ein Segen für Wohnmobilisten. Mit einer Leistungsaufnahme von zum Beispiel 2,5 Watt pro Stück leuchten sie so hell wie eine Halogenlampe mit 27 bis 30 Watt, verbrauchen aber mindestens zehnmal weniger Strom. Im Winter würden zwei Halogenlampen mit je 27 Watt, acht Stunden am Tag leuchtend, 36 Ah aus der Batterie saugen – mehr als ein Kompressor-Kühlschrank.

Wie zu Hause: Wenn der Wechselrichter über eine Netzumschaltung verfügt, kann er den Strom direkt in den Steckdosenkreis des Wohnmobils einspeisen.

Notebook-Netzteil: Damit lassen sich Ausgangsspannungen zwischen 15 und 19 Volt abgreifen – passend für die allermeisten Geräte. Den Umweg über einen Wechselrichter kann man sich so sparen.

WECHSELRICHTER

Wer auch abseits von Landstrom nicht ohne 230-Volt-Verbraucher wie seine Kaffeemaschine, seinen Fön oder den Toaster leben möchte, braucht einen Wechselrichter. Auch zum Laden von E-Bikes ist in den meisten Fällen ein Wechselrichter nötig. Dieser stellt aus den 12 Volt Gleichspannung der Versorgungsbatterie 230 Volt Wechselspannung her.

Der Betrieb von Haushaltsgeräten im Wohnmobil verbraucht viel Strom. Hinzu kommt, dass ein Wechselrichter die Spannungsumwandlung nicht gratis erledigt, sondern mindestens zehn Prozent Aufschlag für seine Dienste verlangt. Als Beispiel: Auf dem Typschild des Föhns steht »1400 Watt bei voller Heizleistung und in höchster Gebläsestufe«. 1400 Watt plus 10 Prozent Aufschlag ergibt 1540 Watt. Der Föhn zieht also stolze 128 Ampere. Wenn er das zehn Minuten lang getan hat, ist die Batterie um 21 Ah leerer.

Wechselrichter gibt es in allen möglichen Leistungsklassen. Die benötigte Größe wird durch das Gerät mit der höchsten Leistungsaufnahme bestimmt. Auch die Preisunterschiede sind riesig. Der Unterschied zwischen billig und teuer ist oft der, dass die billigen Geräte keine lupenreine sinusförmige Spannung, sondern nur etwas Ähnliches liefern. Mit einer solchen Spannung kann es (angeblich) passieren, dass empfindliche Verbraucher nicht funktionieren oder gar den Dienst quittieren.

ES GEHT AUCH MIT ZWÖLF VOLT

Der Weg, aus der Gleichspannung der Batterie mittels eines Wechselrichters die 230-Volt-Netz-Wechselspannung zu erzeugen, um dann aus der Steckdose mit einem Netzteil wieder eine Gleichspannung zum Beispiel zum Betrieb eines Laptops zu erzeugen, ist umständlich. Zudem ist er elektrisch verlustreich, da Wechselrichter und Netzteil selbst ja auch Strom benötigen. Einfacher ist es, in der Welt der Gleichspannung zu bleiben und nur die Spannung anzupassen. Dies funktioniert mit einem Universal-Laptop-Netzteil fürs Auto, das aus der 12-Volt-Bordsteckdose ohne Umweg die benötigte Gleichspannung von zum Beispiel 20 Volt zaubern kann.

Mobiltelefone lassen sich ohne Netzteil an der USB-Buchse laden; man findet auch USB-Ladegeräte für die Akkus von Fotokameras und sogar für elektrische Zahnbürsten. Übrigens: USB 3 (erkennbar am blauen Anschluss) ist nicht nur zehnmal schneller bei der Datenübertragung als USB 2, sondern liefert auch 900 mA statt 500 mA Ladestrom. Die Spannung beträgt unabhängig von der Generation 5 Volt.

Backen, toasten und Kaffee kochen geht auch ohne Strom: Brot, Kuchen, Aufläufe – das Internet ist voll von Rezepten für den Omnia Backofen (hinten). Die Form wird einfach per Gasflamme erhitzt. Auch eine Toastplatte wird einfach auf dem Herd erhitzt. Mit dem kompakten Kaffeezubereiter AeroPress Go bekommt man einen erstaunlich guten Kaffee oder Espresso hin: Benötigt wird nur ein Filterpad, Kaffeepulver und heißes Wasser. Alles in den Zylinder, mit dem Stempel rechts erzeugt man Druck, und der fertige Kaffee läuft (mit Crema) in eine darunter gestellte Tasse (hinten).

STROMGENERATOR UND BRENNSTOFFZELLE

Wer einmal in den USA mit dem Wohnmobil unterwegs war, weiß, dass dort Stromgeneratoren allgegenwärtig sind: Am Zielort angekommen, werden der fest im Motorhome installierte Generator samt der Klimaanlage angeworfen und bleiben bis zur Abreise angeschaltet – was sowohl brummt als auch stinkt. Hierzulande ist der Betrieb eines solchen Geräts auf Campingplätzen undenkbar und auf Stellplätzen, wenn nicht sowieso verboten, zumindest grob rücksichtslos. Als Notstromaggregat für einsame Fernreisen ist ein Stromgenerator aber durchaus hilfreich. Übrigens: Teurer, aber auch leiser, ist ein Stromgenerator, der zur Stromerzeugung mit Gas statt Benzin betrieben wird.

Das tragbare Gerät wird einfach mit dem Landstromeingang des Wohnmobils verbunden. Daher sollte, genau wie beim Wechselrichter, bei der Anschaffung auf eine reine Sinusform der Wechselspannung geachtet werden.

Eine Brennstoffzelle, die mit reinem Methanol betrieben wird, arbeitet dagegen nahezu geräuschlos. Ihre Abfallprodukte bei der Stromerzeugung heißen: warme Luft, Wasserdampf und Kohlendioxid. Allerdings hat solch ein kleines Kraftwerk, das mit einem 5- oder 10-Liter-Brennstoffkanister zum Beispiel im Heckstauraum installiert werden kann, einen hohen Preis: Schon das kleinste Gerät mit einer maximalen Leistung von 40 Watt kostet 2500 Euro. Auch die Betriebskosten sind vergleichsweise hoch: Ein Liter Methanol, der für ungefähr 1000 Wh Energie und damit für 83 Ah Ladung reicht, kostet fünf Euro. Hinzu kommt noch die Anschaffung eines Wechselrichters, wenn man 230-Volt-Geräte betreiben möchte, da die Brennstoffzelle lediglich für die Ladung der Versorgungsbatterie sorgt.

Saubere Angelegeneheit: Brennstoffzelle im Heckstauraum samt Methanol-Kanister

GASVERSORGUNG

Flüssiggas ist ein äußerst ergiebiger Energielieferant für Wohnmobile. Im Sommer kann schon eine einzige Flasche von dem energiehaltigen Stoff reichen, um drei Wochen lang zu kochen, warm zu duschen und, falls vorhanden, einen Absorber-Kühlschrank zu betreiben.

Flüssiggas bezeichnet umgangssprachlich ein Gas, das unter Druck verflüssigt wurde. Das praktische dabei: Durch den Druck wird das Volumen extrem verringert – aus den rund 20 Litern Flüssiggas, die in eine 11-kg-Flasche passen, können über 5000 Liter Gas entnommen werden.

In den Gasflaschen befindet sich eine Mischung aus Propan und Butan, das Mischungsverhältnis kann je nach Land und Jahreszeit ein anderes sein. Der Hintergrund: Bei tiefen Temperaturen um den Gefrierpunkt abwärts verdampft Butan nicht mehr, sondern bleibt flüssig. Propan ist deutlich wintertauglicher, da es noch bis zu minus 42 Grad verdampft.

Schwergewicht: Eine volle Stahlflasche wiegt 23,5, eine volle Alugasflasche 16,2 Kilogramm – also 7,3 Kilogramm weniger. Gut für den Flaschenwechsel, gut für die Zuladung – aber schlecht für den Geldbeutel.

Propan- und Butangas riechen von Natur aus nach nichts. Daher wird den Gasen aus Sicherheitsgründen ein Stoff beigemischt; erst er verleiht dem Gas seinen typischen Geruch.

FLASCHENKUNDE

Die meisten Kastenwagen sind mit zwei 11-kg-Gasflaschen an Bord unterwegs. Diese Gewichtsangabe bezieht sich übrigens lediglich auf die Füllung von elf Kilogramm Flüssiggas; die leere Stahlflasche selbst wiegt um die 12,5 Kilogramm. Manche wiegen etwas weniger, manche etwas mehr – entscheidend ist der »Tara«-Aufdruck auf der Flasche. Somit fährt man bei zwei vollen Flaschen mit ungefähr 47 Kilogramm Zusatzgewicht für das Gasreservoir durch die Gegend.
Dieses Gewicht kann man reduzieren, indem man die schweren Stahlflaschen gegen solche aus Leichtmetall tauscht. Eine 11-kg-Alugasflasche wiegt leer nur 5,2 Kilogramm, macht pro Stück inklusive Gas 16,2 Kilogramm und für beide Flaschen damit ein Gesamtgewicht von 32,4 Kilogramm – fast 15 Kilogramm gespart. Der Haken: Eine

David und Goliath: Sorgt nur eine kleine 5-Kilogramm-Flasche für den Gasvorrat an Bord, wird nicht mit Gas geheizt.

BESSER WISSEN

GAS SCHLÄGT STROM

Der Heizwert von Propan beträgt 12,87 kWh/kg, der von Butan 12,69 kWh/kg. Geht man davon aus, dass sich 95 Prozent Propan und 5 Prozent Butan in der Flasche befinden, ergibt sich für das Gemisch ein Heizwert von 12,86 kWh/kg. Somit verfügt eine 11-kg-Gasflasche über einen Energieinhalt von 11 mal 12,86 kWh – was stattliche 141,46 kWh, also 141.460 Wh ergibt.

Demgegenüber sieht eine Blei-Batterie alt aus. Da man sie zugunsten ihrer Lebensdauer nur zur Hälfte entladen sollte, verfügt eine 100-Ah-Batterie nur über eine nutzbare Ladung von 50 Ah. Ihr Energieinhalt beträgt somit 12 Volt mal 50 Ah. Das maue Ergebnis: 600 Wh.

141.460 Wh im Vergleich zu 600 Wh. Das bedeutet, man bräuchte 236 Blei-Batterien mit 100 Ah Kapazität, um den Energieinhalt einer 11-kg-Gasflasche zu erreichen. 236 jeweils 27 Kilogramm schwere 100-Ah-Batterien würden rund 6400 Kilogramm wiegen im Gegensatz zu den 23,5 Kilogramm einer vollen Gasflasche aus Stahl.

Dies erklärt auch, warum man mit Gas schier ewig lang Kaffeewasser kochen kann, eine Kaffeemaschine die Batterie jedoch schnell in die Knie zwingt. Andererseits: Gasflaschen kann man nicht über eine Solaranlage nachladen. Und alles mit Gas betreiben auch nicht. Wer will schon Gaslampen am Bett?

Alugasflasche kostet neu 120 Euro. Somit ist die Ersparnis von 15 Kilogramm ziemlich teuer erkauft. Eher selten ist der Gasvorrat an Bord deutlich kleiner ausgelegt – zum Beispiel lediglich mit fünf Kilogramm. In diesem Fall wird das Gas ausschließlich zum Kochen verwendet; für die Wärme des Wohnraums und des Wassers sorgt dann eine Dieselheizung.

Leihflasche links, Kaufflasche rechts: Das Vertriebsnetz für Kaufflaschen ist dichter.

LEIHEN ODER KAUFEN?

Rote oder graue Flaschen sind Leihflaschen. Wenn man die Gasflasche nicht mehr braucht, wird der Pfand gegen Vorlage des Kaufbelegs von dem Händler, bei dem man die Flasche abgeholt hat, zurückerstattet. Beim Tausch der Flasche gegen eine volle fällt lediglich die Auffüllgebühr an. Da die Flaschen Eigentum des jeweiligen Herstellers sind, kann auch nur bei Händlern seines Vertriebsnetzes getauscht werden – was das Angebot einschränkt.

Am verbreitetsten in Deutschland sind die olivgrauen 11-kg-Flaschen. Diese Flaschen sind Kaufflaschen, da die Nutzungsgebühr, die man einmalig bezahlt hat, nicht zurückgezahlt wird, wenn man die Flasche eines Tages nicht mehr brauchen sollte. Die Kaufflaschen kann man in nahezu jedem Baumarkt, an vielen Tankstellen und natürlich auch auf Campingplätzen gegen eine volle tauschen – unabhängig davon, wo man sie gekauft hat. Alugas gibt es nur als Kaufflasche, und das Vertriebsnetz ist nicht so dicht wie bei den grauen Flaschen aus Stahl.

Egal ob Kauf- oder Leihflasche: Die rote Schutzkappe sollte man für den Tausch oder die Rückgabe nicht vergessen, denn sonst verweigert der Händler unter Umständen die Rücknahme.

GASFLASCHEN NACHFÜLLEN?

Eindeutig ist: Das Füllen von mobilen Flüssiggasflaschen ist an Tankstellen in Deutschland und weiten Teilen Europas verboten. Flüssiggasflaschen werden nämlich lediglich zu 80 Prozent mit Flüssiggas befüllt, die verbleibenden 20 Prozent dienen als Sicherheitsreserve, da bei einer Erhöhung der Temperatur auch der Druck in der Flasche ansteigt. Dafür bräuchte es einen sogenannten Füllstopp, der bei 80 Prozent dichtmacht – den haben aber normale Gasflaschen, im Gegensatz zu sogenannten »Gastankflaschen« nicht. Der DVFG (Deutscher Verband Flüssiggas e.V.) wies in einer Pressemitteilung vom 30.06.2018 aber darauf hin, dass »die Befüllung durch Verbraucher auch bei solchen Flüssiggas-Flaschen tabu ist, die über ein Füllstoppventil verfügen. Denn wenn diese Flaschen während einer unsachgemäßen Befüllung versehentlich in eine Schieflage gerieten, könnte es trotz des Füllstoppventils zu einer Überfüllung kommen.«

Okay. Was aber, wenn die Flaschen nicht versehentlich in eine Schieflage geraten können? Wenn sie wie ein Gastank fest im Fahrzeug verschraubt werden, wie es einige Firmen anbieten? Die Auslegung, ob diese Gasflaschen dann bequem (und legal) über eine Außenbetankung an der LPG-Zapfsäule der Tankstelle befüllt werden dürfen oder nicht, scheint flächendeckend nicht eindeutig zu sein. So empfiehlt es sich, vor der nicht ganz billigen Anschaffung vorsichtshalber mit dem Gassachkundigen einer örtlichen Prüforganisation zu sprechen – der muss die Installation nämlich anschließend ohnehin abnehmen.

Alternativ kann man sich auch einen Unterflur-Gastank montieren lassen. Das geht nämlich nicht nur bei den großen Wohnmobilen, sondern auch bei Kastenwagen.

ALLES IM KASTEN

Propan und Butan sind schwerer als Luft; bei einem Leck am Flaschenanschluss würde sich das hochentzündliche Gemisch auf dem Fahrzeugboden ausbreiten. Um dies zu verhindern, sind die

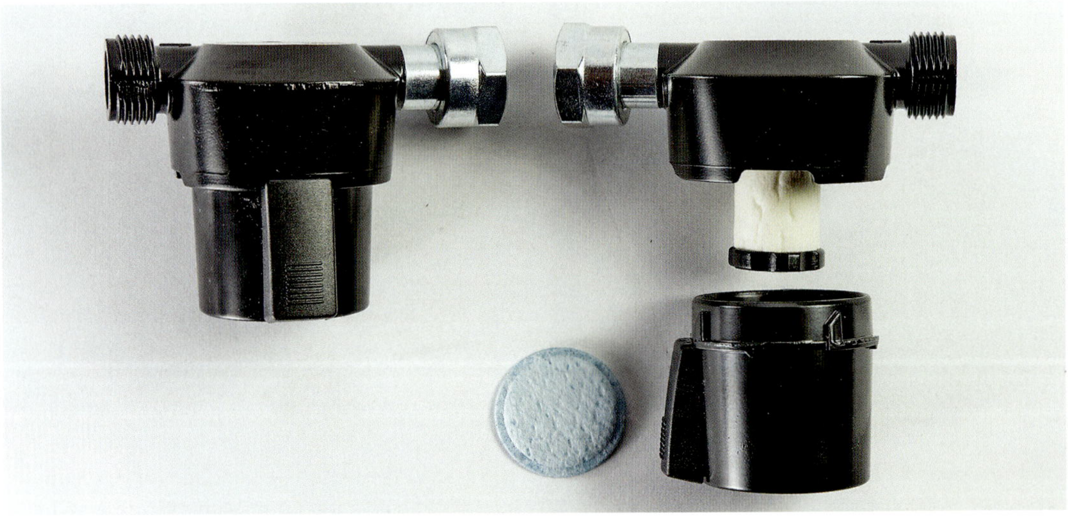

Gasfilter im Detail: Ab und zu muss das Filterpad getauscht werden.

Hähne im Korb: Im Innenraum finden sich zusätzliche Gas-Absperrventile. In senkrechter Stellung ist der Hahn geschlossen.

Heckzugang zum Gaskasten: Gepäck kann da bleiben, wo es ist, aber zum Ausbau der hinteren Flasche muss erst einmal die vordere raus.

Bürstner Campeo

Gasflaschenauszug: Bequemer geht's nicht.

Hobby Vantana K65

Flaschen in einem geschlossenen Gaskasten angeschnallt, der mindestens einer Öffnung im Boden hat. Statt gefährlich im Wohnmobil herumzuwabern, kann sich im Fall der Fälle das Gas so nach unten und damit nach draußen davonmachen.

Was findet man sonst noch im Gaskasten? Zunächst einmal wird jede Gasflasche mit einem Hochdruckschlauch verbunden. Die Überwurfmutter des Schlauchs hat ein Linksgewinde, muss also ungewohnterweise zum Festschrauben gegen den Uhrzeigersinn gedreht werden. Dies soll Verwechselungen mit Flaschen ausschließen, die mit nicht brennbarem Gas wie Sauerstoff oder Helium gefüllt sind – die haben nämlich ein Rechtsgewinde. Zum Festschrauben sollte man keine Zange verwenden; handfest reicht völlig, um die Verbindung dicht zu kriegen.

Der Hochdruckschlauch führt zum Gasfilter. Oder sollte zumindest dorthin führen, denn nicht immer ist einer verbaut. Wieso überhaupt ein Filter für Gas? Flüssiggas fällt bei der Förderung von Rohöl oder Erdgas und als Raffineriegas an. So lässt es sich nicht vermeiden, dass bei der Abfüllung winzige ölige Tröpfchen in die Flasche gelangen. Diese Verunreinigungen können den Druckminderer zerstören oder die Funktion der gasbetriebenen Geräte beeinträchtigen. Daher sollten die Verunreinigungen erst gar nicht in das Gassystem gelangen können – der Gasfilter dient als Türsteher und kostet mit rund 70 Euro für das Paar nicht die Welt.

Seitlicher Zugang zum Gaskasten: Die Flaschen können unabhängig voneinander ausgebaut werden, aber dafür muss Gepäck raus. Und etwas Gymnastik wird abverlangt.

Vantourer 600 L

Bei Dieselheizungen: Die kleinen 5-Kilogramm-Gasflaschen werden nur zum Kochen benötigt.

Volles Programm: automatische Gasflaschen-Umschaltung, Crashsensor und Gasfilter.

BESSER WISSEN

PROBLEM GASGRILL

Für Wohnmobile und Wohnwagen ist in der Norm EN 1949 europaweit festgelegt, dass seit 2002 der Druck in der Flüssiggasanlage 30 mbar betragen muss. Das betrifft damit nicht nur Heizung, Kocher und den Absorber-Kühlschrank, sondern auch eine eventuelle Gas-Außensteckdose. Dummerweise sind aber die meisten Gasgrills in Deutschland für einen höheren Druck, nämlich für 50 mbar, ausgelegt. Abgesehen davon, dass der Anschluss eines solchen Grills an die Gas-Außensteckdose des Wohnmobils verboten ist: Mit zu geringem Druck bleibt ein Gasgrill unter seinen Möglichkeiten und wird womöglich nicht richtig heiß. Daher heißt es suchen: Der Grill für unterwegs soll nicht nur klein und leicht sein, sondern muss auch den richtigen Betriebsdruck haben. Das europäische Ausland macht es den Wohnmobilisten übrigens einfacher, denn hier ist der Gas-Betriebsdruck im Wohnmobil und der Betriebsdruck für Gasgrills mit 30 mbar identisch.

Die Qualität von Flüssiggasen kann stark schwanken, auch weiß man nicht, was sich bereits im Bodensatz der gerade eingetauschten Gasflasche befindet. Daher sollte man den Filter lieber zu häufig als zu selten kontrollieren und gegebenenfalls austauschen.

Das gefilterte Gas gelangt in den Druckminderer. Er reduziert den Flaschendruck, der je nach Temperatur zwischen 7 bis 10 bar beträgt, auf 30 Millibar (mbar).

Als Druckminderer ist der Duo Control CS von Truma sehr geläufig. Er bietet nicht nur eine automatische Umschaltung von der einen leeren auf die andere volle Gasflasche, sondern ermöglicht auch den legalen Betrieb der Heizung während der Fahrt, da bei einem Unfall der integrierte Crashsensor den Gasfluss unterbricht. Nicht angeschlossene Flaschen müssen allerdings zugedreht und mit Schutzkappen versehen werden.

Trotz Umschaltautomatik: Irgendwann sind beide Flaschen leer und müssen getauscht werden. Hierfür bieten die Ausbauer von Kastenwagen stark unterschiedliche Konzepte – vom supereinfachen Handgriff mit Heckauszug bis hin zur unfreiwilligen Gymnastikübung durch einen ungünstig liegenden Gaskasten liegt alles drin.

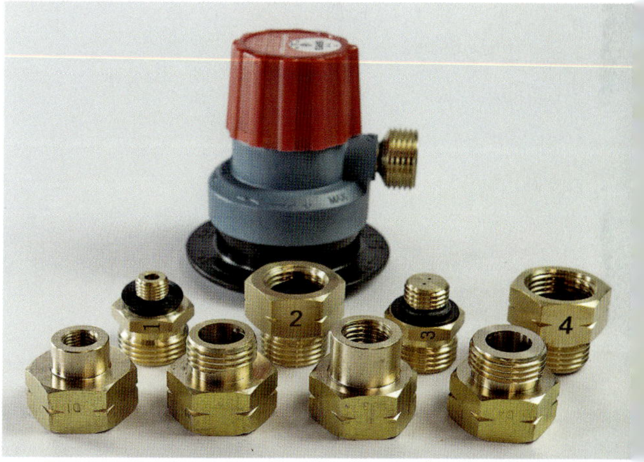

Für alle Fälle: vorn Adapter zum Füllen deutscher Flaschen im Ausland, dahinter zum Anschluss ausländischer Flaschen und ganz hinten für ausländische Flaschen mit einem clip-on-Entnahmeventil.

NACHSCHUB IM AUSLAND

Wer eine Reise in die Niederlande, nach Belgien, Österreich, Polen oder Ungarn unternimmt, muss sich um seinen Gasnachschub keine Sorgen machen: In diesen Ländern werden die gleichen Flaschen wie in Deutschland verwendet. Das war's aber auch schon mit der Einigkeit in der

Europäischen Union, denn es gibt keine europaweite Norm für die Anschlüsse von Gasflaschen. Somit hat man bei Ebbe in den Flaschen im Ausland oft nur zwei Möglichkeiten: Entweder lässt man die eigenen Flaschen bei einer Servicestation befüllen oder man leiht oder kauft sich ausländische Flaschen. Wenn man eine Servicestation gefunden hat, die sich bereit erklärt, deutsche Flaschen zu füllen, wird aber deren Füllstutzen nicht auf die Flasche passen. Daher lohnt es sich, entsprechende Adapter an Bord zu haben. Ebenso wird der Anschluss einer ausländischen Flasche nicht an den Hochdruckschlauch des eigenen Wohnmobils passen – auch hierfür gibt es Adapter, die nicht viel kosten. Allerdings sollte man sich vor dem Kauf oder dem Leihen ausländischer Flaschen darüber im Klaren sein, was man in der Zwischenzeit mit den eigenen deutschen Flaschen macht.

Robeta Helios for two

Ablaufdatum: Auf solch einem Anhänger steht, wann der Hochdruckschlauch getauscht werden muss. Auch wenn er noch völlig in Ordnung ist.

GASPRÜFUNG

Alle zwei Jahre muss ein Wohnmobil zur Gasprüfung. Normalerweise kann das gleich dort erledigt werden, wo auch die Hauptuntersuchung erfolgt, nämlich bei den Prüfstellen von TÜV, DEKRA oder GTÜ. Auch Fachwerkstätten und Wohnmobilhändler bieten Gasprüfungen an. Die Prüfer müssen vom Deutschen Verband Flüssiggas e.V. geschult sein und eine Sachkundigenprüfung abgelegt haben.

Bei einer Gasprüfung wird unter anderem kontrolliert, ob die Gasanlage wirklich dicht ist, ob alle angeschlossenen Geräte funktionieren, ob deren Zündsicherungen ordnungsgemäß abschalten, ob die Gasflaschen sicher befestigt sind und die Entlüftungsöffnung im Gaskasten frei ist. Auch das Alter der Hochdruckschläuche und des Druckminderers wird gecheckt, denn selbst wenn äußerlich noch alles in Ordnung scheint, müssen in Deutschland diese Komponenten alle zehn Jahre erneuert werden.

Die bestandene Gasprüfung wird durch einen Aufkleber außen am Fahrzeug und durch eine Bescheinigung beziehungsweise einen Eintrag in das gelbe Prüfbescheinigungsheft dokumentiert.

Bisher galt: Ohne gültige Gasprüfung keine Plakette bei der Hauptuntersuchung. Am 31. Dezember 2019 wurde diese Regel bis zum 1. Januar 2023 überraschend ausgesetzt, weil die bislang verwendeten Messgeräte nicht den Anforderungen gerecht wurden, die in den Richtlinien für die Qualitätsüberwachung der Hauptuntersuchung gefordert wurden.

Natürlich aber verhindern Mängel wie beschädigte, unzulässige oder mangelhaft befestigte Teile der Gasanlage auch weiterhin eine erfolgreiche Hauptuntersuchung. Und egal, ob momentan Pflicht oder nicht: Die 50 bis 80 Euro sollte jedem Wohnmobilfahrer seine Sicherheit wert sein.

Gasprüfung bestanden: dokumentiert durch das Siegel und die Prüfbescheinigung. Diese sollte man übrigens zu Hause und nicht im Wohnmobil aufbewahren – damit sie im Fall der Fälle nicht mit verbrennt.

VERBRAUCHSERMITTLUNG

Um zumindest grob den zu erwartenden Gasverbrauch abzuschätzen, geht man im Prinzip genauso vor wie bei der Ermittlung der täglichen Batterieentladung, nur dass statt der Batterieentladungen durch die einzelnen Verbraucher in Amperestunden (Ah) hier die einzelnen Gasverbräuche in Gramm pro Stunde (g/h) addiert werden.

Eine 11-kg-Flasche kann im Sommer bei rund 400 Gramm Gasverbrauch pro Tag für 27 Tage, also für rund einen Monat, ausreichen. Im Winter mit dem deutlich höheren Verbrauch durch die Heizung langt sie dagegen nur noch für fünf Tage. Und besteht die Besatzung aus lauter Frostkötteln, kann die Flasche auch schon nach drei Tagen leergeheizt sein.

BEISPIELRECHNUNG FÜR GASVERBRAUCH IM SOMMER UND WINTER

		Sommer		Winter	
Verbraucher	**Gasverbrauch (g/h)**	**Stunden**	**Verbrauch am Tag (g)**	**Stunden**	**Verbrauch am Tag (g)**
Heizung (mittlere Stufe)	200	0	0	10	2000
Warmwasser-Boiler	100	0,5	50	1	100
Kochflamme	75	1	75	1	75
Absorber-Kühlschrank	11	24	264	4	44
Summe			**389**		**2219**

HEIZUNG

Es ist fast schon ein Glaubenskrieg: Gas- oder Dieselheizung – was ist besser? Das kommt wie immer ganz darauf an. Zur Entscheidungsfindung hier alles Wissenswerte über Gebläse- und Warmwasser-, Gas- und Dieselheizungen.

Die gängigste Methode, einen Kastenwagen zu beheizen, ist die Gebläseheizung. Dabei wird die Luft in einem Brenner erhitzt; ein Gebläse pustet die warme Luft in Rohre, die in die sogenannten »Ausströmer« münden. Diese finden sich meist unter dem Tisch, in Richtung Küche, im Bad und im Schlafbereich. Durch Schließen einzelner Ausströmer lässt sich die Wärmeverteilung im Wohnmobil regeln.

GAS-GEBLÄSEHEIZUNG

Die mit Abstand meistverbaute Heizung in Kastenwagen ist die Gebläseheizung Truma Combi 4. Die Bezeichnung »Combi« besagt, dass die Heizung nicht nur heizt, sondern durch einen integrierten 10-Liter-Boiler auch für warmes Wasser sorgt. Die »4« bezeichnet die Leistung, denn dieses Modell liefert eine Nennwärmeleistung von 4 Kilowatt. Reicht das denn? Schließlich bieten viele Hersteller gegen Aufpreis die leistungsfähigere Combi 6 an. Hier ein Vergleich zum Heimbereich: Bei mäßig isolierten Gebäuden mit einer Raumhöhe von 2,5 – 3,0 Metern rechnet man für den Bau von Schweden- oder Kaminöfen als Faustformel mit 0,1 kW Wärmeleistung je Quadratmeter Raumfläche. Bei den maximal rund neun Quadratmetern Grundfläche (gemessen von den Hecktüren bis zum Armaturenbrett) eines 6,36 Meter langen Kastenwagens käme man so auf erforderliche 0,9 Kilowatt. Die Antwort also: Ja, 4 Kilowatt dürften in den allermeisten Fällen reichen.
Die Truma Combi 4 erzeugt die Wärme zwar ausschließlich mit Gas, benötigt aber auch Strom für das Heizgebläse. In der Startphase können das kurz 6,5 Ampere sein, im Dauerbetrieb bei mittleren Temperaturen pendelt sich der Stromverbrauch irgendwo zwischen 1,5 und 2 Ampere

Multifunktionsgerät: Die Heizung erzeugt nicht nur warme Luft, sondern auch warmes Wasser.

ein. Das ist gar nicht so wenig, aber es werden pro Stunde auch immerhin zwischen 250 und 300 Kubikmeter warme Luft bewegt.

Hängt an der Typbezeichnung noch ein »E«, verfügt die Heizung zusätzlich über elektrische Heizstäbe. Ist das Wohnmobil an den Landstrom angeschlossen, beträgt die elektrische Nennwärmeleistung bis zu 1800 Watt; somit kann beim Heizen Gas gespart werden. Auch ein Mischbetrieb ist möglich.

Ein Tipp für Störungen: Zeigt das Bedienpanel eine Fehlermeldung, die auf Probleme bei der Gasversorgung hinweist, hilft es statt langwieriger Fehlersuche oder Reset der Heizung manchmal, einfach eine Flamme am Herd für zirka 20 Sekunden brennen zu lassen und dann die Heizung zu starten. Was sich nach schwarzer Magie anhört, bewirkt einfach das Entlüften der Gasleitungen.

Frostwächter: Das Sicherheitsventil öffnet automatisch bei Temperaturen unter drei Grad, um Frostschäden zu vermeiden, kann aber auch manuell zum Ablassen des Boiler-Inhalts geöffnet werden. Zur Neubefüllung den blauen Drehknebel quer stellen und den Knopf drücken.

DIESEL-GEBLÄSEHEIZUNG

Eine andere Variante ist die Gebläseheizung, die mit Diesel befeuert wird. Sie bedient sich aus dem Fahrzeugtank. Eine Dieselheizung wiegt zwar rund vier Kilogram mehr als eine Gasheizung, kann dafür aber auf den rund 47 Kilogramm schweren Gasflaschen-Doppelpack verzichten. Gas wird so im Wohnmobil nur noch zum Kochen gebraucht, wodurch selbst eine kleine Gasflasche gefühlt ewig hält. Wer dann auch noch vom Gas- auf einen Dieselkocher umsattelt, hat einen gasfreien Kastenwagen. Denn der größte Vorteil von Diesel gegenüber Gas ist: Sprit gibt es quasi jederzeit und überall, und es entfällt das Jonglieren mit den verschiedenen Anschlüssen im Ausland.

Doch so schön das ist, auch eine Dieselheizung braucht Strom; denn neben dem Betrieb des Gebläses muss sie auch Kraftstoff in die Brennkammer pumpen. In der Startphase zieht eine Dieselheizung bis zu 10 Ampere Strom, im laufenden Betrieb rund 2 Ampere – je nach Heizstufe auch mehr.

Manche Vorurteile lassen sich nur schwer aus der Welt schaffen – zum Beispiel: »Dieselheizungen sind laut und stinken«. Das mag vielleicht für manch ältere Heizung noch stimmen, auf moderne Dieselheizungen trifft das im Allgemeinen aber nicht mehr zu.

WÄHREND DER FAHRT

Auf der Sitzbank mitreisende Personen werden im Winter unendlich dankbar sein, wenn auch sie unterwegs etwas Wärme abbekommen dürfen. Heizen während der Fahrt mit Gas ist ohne Einschränkungen aber nur bei älteren Wohnmobilen erlaubt. Für Baujahre ab Januar 2007 muss das Gas-System mit Crash-Sensor, Schlauchbruchsicherung und Druckregler ausgerüstet sein, um während der Fahrt betrieben werden zu dürfen. Für den Betrieb von Dieselheizungen während der Fahrt gibt es dagegen keine Einschränkungen.

UMRÜSTUNG TEUER

Vor der Bestellung eines neuen Wohnmobils sollte man sich noch einmal sehr genau die persönlichen Vor- und Nachteile von Gas- und Dieselheizungen durch den Kopf gehen lassen, denn eine nachträgliche Umrüstung von Gas auf Diesel wäre aufwändig und teuer: Zum Preis der neuen Heizung würden sich nämlich noch die Kosten für das Stilllegen der Gasleitung, das Verlegen der neuen Dieselleitung, für das Montieren des Auspuffs und das Verkabeln addieren – was in Summe zirka 4000 Euro ausmachen würde.

WARMWASSERHEIZUNG

Bei einer Standheizung, wie man sie aus dem Pkw kennt, strömt die warme Luft aus den Lüftungsdüsen des Fahrzeugs, weil die Heizung das Kühlwasser des Motors erwärmt. Als positiver Nebeneffekt wird durch das Heizen des Kühlwassers auch gleich der Motor mit vorgewärmt, was seine Lebenserwartung steigert. Solche Standheizungen finden sich hin und wieder in den Aufpreislisten der Kastenwagen-Hersteller als Zusatzheizung – als Hauptheizung für den Wohnraum sind sie aber nicht geeignet.

Anders bei dieselbetriebenen Heizungen, die einen eigenen Wasserkreislauf erwärmen. Genau wie zu Hause strahlen Heizkörper diese Wärme ab, können dabei aber noch durch zuschaltbare Ventilatoren unterstützt werden. Und noch besser als bei vielen zu Hause: Gegen Aufpreis gibt's manchmal sogar eine Fußbodenheizung.

BESSER WISSEN

WINTERTAUGLICH ODER WINTERFEST?

Es hört sich fast gleich an, doch hinter diesen beiden Begriffen verbergen sich unterschiedliche Qualifikationen mit genau definierten Testverfahren, die in der Norm EN 1646-1 festgelegt sind.

Wintertauglich: Hier wird das Testfahrzeug über mindestens zehn Stunden in einer Kältekammer mit geöffneten Türen und Fenstern auf null Grad Celsius heruntergekühlt. Schafft es die serienmäßige Heizung, den Innenraum innerhalb von zwei Stunden auf 20 Grad Celsius zu erwärmen, darf sich das Wohnmobil »wintertauglich nach Stufe 2« nennen. Die Frostsicherheit der Wasseranlage wird bei diesem Test nicht überprüft.

Winterfest: Bei diesem härteren Test wird das Wohnmobil auf minus 15 Grad Celsius heruntergekühlt. Die serienmäßige Heizung muss es nun schaffen, den Innenraum binnen vier Stunden auf 20 Grad zu erwärmen. Anschließend hält die Heizung den Innenraum eine Stunde lang auf dieser Temperatur, dann werden die Wassertanks befüllt. Nach einer weiteren Stunde müssen alle Leitungen und Wasserhähne frostfrei sein. Ist der Test bestanden, ist das Wohnmobil »winterfest nach Stufe 3«.

Großer Unterschied: Wintertauglich und winterfest ist nicht dasselbe.

KLIMAANLAGE

Kastenwagen mit ihrer Hülle aus Blech sind wahre Hitzespeicherungs-Künstler. Im Sommer, besonders im Süden, können im Innenraum Temperaturen von 40 Grad und mehr erreicht werden. Doch längst nicht jeder Hersteller bietet eine Klimaanlage ab Werk an. Wenn doch, kostet die kühlende Sonderausstattung meist um die 2300 Euro und sitzt außen auf der Dachluke hinten über dem Bett – wodurch sie praktischerweise keinen Stauraum wegnimmt. So wird es innen zwar kühler, aber auch dunkler – wenn nicht gerade ein Fenster in die Klimaanlage integriert ist. Außerdem benötigt man durch den Aufbau um die 25 Zentimeter mehr Durchfahrtshöhe, und der Kastenwagen wird am schwerpunktmäßig ungünstigsten Ort um rund 30 Kilogramm schwerer. Der bei anderen Bauformen von Wohnmobilen verwendete Montageort »Klimaanlage im Staukasten« scheidet bei Camper Vans meist allein schon aus Platzgründen aus.

Die Kühlleistung dieser kleineren Klimaanlagen beträgt zwischen 1700 und 2200 Watt, der Strombedarf liegt zwischen drei und vier Ampere. Für den Betrieb einer Klimaanlage ist ein Anschluss an Landstrom zunächst unumgänglich, da deren Versorgungsspannung 230 Volt beträgt. Beim Einschalten kann allerdings der bis zu 15 Ampere hohe Anlaufstrom die Sicherung auf dem Campingplatz überfordern. Auf deutschen Plätzen sind 16-Ampere-Sicherungen zwar in der Überzahl, aber auf südeuropäischen Plätzen, wo man die Klimaanlage nötiger hat, finden sich sehr viele Stromanschlüsse mit lediglich sechs Ampere.

Die Möglichkeit, die Anlage mithilfe einer monstermäßig großen LiFePO4-Batterie, einer ausladenden Solaranlage und einem leistungs-

Adria Twin Supreme 600 SPB

Dachdecker: Sieht ein bisschen aus wie eine Dachbox, ist aber eine Klimaanlage. Oben und draußen nimmt sie keinen Stauraum weg.

fähigen Wechselrichter auch autark betreiben zu können, ist eher theoretisch. Aber auch das haben sich Besitzer von Kastenwagen schon gegönnt.

Eine Dachklimaanlage nachzurüsten, ist verhältnismäßig unkompliziert, da lediglich eine Stromleitung verlegt werden muss. Bei Nachrüstungen auf 6-Meter-Fahrzeugen sollte man aber vorher anhand der technischen Daten des Kühlaggregats darauf achten, dass die Klimaanlage nicht hinten über das Fahrzeugdach herausragt.

Kühlbox: Klimaanlagen für Kastenwagen kühlen mit einer Leistung zwischen 1700 und 2200 Watt. Für mehr Licht gibt es auch Modelle mit Durchblick.

Leise Alternative zur Klimaanlage: Ventilator in der Dachluke. Kühlt allerdings längst nicht so gut.

Die Klimaanlagen aller namhaften Hersteller arbeiten nach dem Kompressor-Prinzip. Da sie ähnlich wie ein Kompressor-Kühlschrank funktionieren, ist auch ihre Kühlleistung weitgehend unabhängig von der Außentemperatur. Eine Kompressor-Klimaanlage kühlt augenblicklich nach dem Einschalten und entfeuchtet zudem noch die Luft, was bei schwülwarmem Wetter sehr angenehm ist. Einige Geräte können sogar heizen, sofern die Außentemperatur nicht unter minus zwei Grad sinkt. Für Wintercamping ist diese Art von Heizung also nicht geeignet, für Übergangstemperaturen aber durchaus.

Damit die Klimaanlage effektiv arbeiten kann, sollten alle Fenster und Luken geschlossen sein. Den kalten Luftstrahl direkt auf den Körper zu richten, vertragen eigentlich nur amerikanische Taxifahrer. Da die Dachklimaanlage besonders das Leben der Nachbarn mit Geräuschen bereichert, sollte man die Anlage schon einige Stunden vor dem Schlafengehen einschalten, den Innenraum herunterkühlen und nachts dann freundlicherweise ausgeschaltet lassen. Kompressor-Klimaanlagen funktionieren zwar bis 40 Grad noch sehr gut, aber ihre Arbeit wird durch Schattenparken (wenn möglich) erleichtert.

Eine günstige Alternative zu einer Dachklimaanlage ist ein Dachventilator. Der funktioniert natürlich längst nicht so effektiv, weil er nur fächelt und nicht aktiv kühlt, kostet dafür aber viel weniger und macht auch weniger Geräusche. Eingebaut wird er ebenfalls in die Dachluke.

BESSER WISSEN

OHNE KLIMAANLAGE – SO BLEIBT DIE HITZE DRAUSSEN

Der Trick ist, die Wärme erst gar nicht ins Wohnmobil gelangen zu lassen. In den frühen Morgenstunden lüftet man durch und lässt so die noch kühle Luft ins Innere. Mit Auftauchen der Sonne wird der Kastenwagen verrammelt. Da durch die großen Scheiben des Fahrerhauses besonders schnell und viel Wärme ins Innere gelangen kann, ist hier Verdunkeln angesagt. Das Zuziehen einer eventuell vorhandenen Faltverdunkelung hilft gegen Hitze nur bedingt, denn ist die Wärme erst einmal hinter die Scheiben gelangt, ist sie auch schon im Innenraum. Außerdem tragen hohe Temperaturen nicht gerade zur Erhöhung der Lebensdauer der Faltverdunkelung bei. Damit die Hitze draußen bleibt, ist das Anbringen eines reflektierenden Schutzes von außen optimal. Um danach nicht im Dunkeln zu tappen, gibt es sogar solche, durch die man von innen hinausschauen kann – von außen aber nicht hinein.

Auch wenn es gefühlsmäßig schwerfällt: Bei Windstille werden die Fenster und Luken geschlossen. Das Schließen der Rollos verhindert auch hier das Eindringen der Wärme nicht – richtig effektiv ist nur ein Schutz von außen.

Lüften über geöffnete Dachluken und Fenster ist tagsüber nur dann sinnvoll, wenn draußen ein Windchen geht. Dadurch sinkt die Innenraumtemperatur zwar nicht, aber der entstehende Luftstrom macht die Angelegenheit erträglicher. Dabei sollte man aber nur die Fenster öffnen, die auf der Schattenseite liegen. Für den nötigen Schatten kann auch eine ausgefahrene Markise sorgen – wenn sie auf der Seite montiert ist, auf der die Sonne gerade scheint.

Am späten Abend, wenn die Außentemperatur wieder gesunken ist, werden alle Löcher weit geöffnet und der Kastenwagen ordentlich durchgelüftet.

Augenbinde: Von außen aufgespannt, bleiben Sonne und neugierige Blicke draußen.

Durchblick: Von innen haben neugierige Blicke eine gute Chance – die Sonne aber immer noch nicht.

WASSERVERSORGUNG

Kastenwagen haben üblicherweise zwei Wassertanks: einen für Frischwasser und einen für Schmutzwasser (welches der Proficamper »Grauwasser« nennt). Das gängigste Volumen des Frischwassertanks, der sich meist über einem hinteren Radkasten im Innenraum befindet, beträgt 100 Liter. Der Grauwassertank ist außen unter dem Fahrzeug angebracht und fasst dann häufig 90 Liter. Bei den selteneren Kastenwagen mit Doppelboden baut man den Grauwassertank gern darin ein, um ihn vor Frost zu schützen.

Bei Bedarf wird das Wasser aus dem Frischwassertank zu einem Wasserhahn gepumpt oder für die Toilettenspülung genutzt. Das Wasser aus dem Hahn fließt anschließend über die Spüle in den Grauwassertank, das Wasser aus der Toilettenspülung in die Kassette.

Auf einen Blick: Eine Markierung zum Beispiel mit Nagellack hilft, sofort zu erkennen, ob der Ablass des Grauwassertanks geöffnet oder geschlossen ist.

Wasser lassen: In der so genannten "Fahrstufe" fasst der Frischwassertank nur noch einen Bruchteil seines Volumens, um Gewicht zu sparen.

SAUGEN ODER DRÜCKEN?

Es gibt zwei Arten von Pumpen, die sich grundsätzlich unterscheiden: Tauchpumpen und Druckpumpen. Tauchpumpen hängen – daher der Name – unter Wasser im Frischwassertank und benötigen so keinen zusätzlichen Platz. Jeder Wasserhahn ist mit einem Mikroschalter ausgestattet, der beim Öffnen des Hahns die Pumpe mit Strom versorgt und beim Schließen des Hahns die Stromzufuhr wieder unterbricht.

Druckpumpen, in Kastenwagen seltener anzutreffen, befinden sich außerhalb des Wassertanks. Sie setzen das gesamte Wassersystem dauerhaft unter Druck. Sinkt dieser Druck, wie es zum Beispiel beim Öffnen eines Hahns geschieht, versucht die Pumpe, den ursprünglichen Druck wieder herzustellen – wodurch das Wasser aus dem Hahn fließt. Die Vorteile einer Druckpumpe: Sie kommt ohne Mikroschalter an den Hähnen aus, und der Wasserdruck ist meist höher als mit einer Tauchpumpe. Das Prinzip hat allerdings eine Tücke: Auch bei einem Leck in der Wasserleitung bemüht sich die Pumpe nämlich pflichtbewusst, den Wasserdruck aufrecht zu erhalten. Bleibt das unbemerkt, pumpt sie so lange, bis der Wassertank leer ist – immer in das Leck hinein. Für solch einen Fall der Fälle sollte die Pumpe also separat abschaltbar sein.

Tauchpumpen brauchen das sie umgebende Wasser als Kühlung. Laufen sie zu lange im leeren Tank, überhitzen sie und quittieren den Dienst. Daher kann es für Fernreisende durchaus sinnvoll sein, eine Reservepumpe an Bord zu haben. Sehr teuer sind sie nicht: Einfache Exemplare gibt es schon für 15 Euro. Allerdings schaffen diese auch nur einen Druck von einem halben bar. Eine Tauchpumpe, die über 50 Euro kostet, kann den vierfachen Druck liefern. Achtung aber bei der Nachrüstung einer druckstarken Pumpe: Nicht immer sind ab Werk die Wasserleitungen mit Schlauchschellen gesichert. Manchmal sind sie nur aufgesteckt und könnten bei zu hohem Druck vom Anschlussstutzen rutschen.

Druckpumpen sind teurer, aber auch bei Ihnen gibt es einen direkten Zusammenhang zwischen Anschaffungspreis und maximalem Druck: Für 90 Euro gibt es beispielsweise 1,5 bar, für 200 Euro 2,5 bar oder mehr.

Was braucht man an Zubehör für die Wasserversorgung an Bord? Auf jeden Fall eine Gießkanne, da man mit ihrer Hilfe zur Not auch Wasser aus einem Bach oder Brunnen zum Nachfüllen transportieren kann. Wer das Wasser aus seinem Frischwassertank trinken möchte, sollte einen eigenen Wasserschlauch zum Befüllen einpacken. So setzt man sich nicht dem Risiko aus, seinen Frischwassertank mit demselben Schlauch zu füllen, mit dem eben noch ein verwirrter Entsorger seine Kassettentoilette hautnah spülte. Schläuche, die nach der Trinkwasserverordnung geprüft wurden, sind dafür geeigneter als nur lebensmittelechte Schläuche. Wer ganz auf Nummer sicher gehen möchte, packt noch einen Wasserfilter ein, um Schwebstoffe aus dem Wasser zu entfernen.

Für einen kräftigen Strahl: Auch eine Tauchpumpe kann über zwei bar Druck erzeugen.

In Kastenwagewen seltener zu finden: Eine Druckpumpe sitzt außerhalb des Wassertanks.

BESSER WISSEN

OHNE STRESS AN DER ENTSORGUNGSSSTATION

Eine Entsorgungsstation ganz für sich allein zu haben, ist ein seltener Glücksfall. Meist wartet man in einer Schlange – und wenn man dann endlich selbst dran ist, wippen schon die Hintermänner ungeduldig mit dem Fuß. Man sollte sich also mit den Abläufen der Entsorgung schon vorher einmal in Ruhe beschäftigen – zu Hause oder spätestens auf dem Campingplatz. Zunächst ist wichtig zu wissen: Wo genau unten am Fahrzeug kommt das Wasser aus dem Boiler, dem Grauwassertank und dem Frischwassertank? Danach weiß man schon einmal, wie man sein Wohnmobil an der Entsorgungsstation parken muss, ohne dass beim Ablassen des Wassers die Hälfte daneben läuft. Für besonders Komfortbewusste: Es gibt auch Systeme zum Nachrüsten, bei denen man mit Hilfe einer nach unten gerichteten Bodenkamera die korrekte Parkposition findet.

Schon in der Warteschlange kann man, falls noch Frischwasser im Tank ist, einen oder mehrere Wasserhähne in der Kaltstellung öffnen. So wird der Inhalt des Grauwassertanks mit Frischwasser verdünnt und gespült. Falls kein Wasser mehr fließen sollte, Hähne schließen, um eine Beschädigung der Tauchpumpe zu vermeiden. Dann den Hauptschalter in der zentralen Bedieneinheit auf »Aus« stellen, damit gleich beim Öffnen der Wasserhähne die Tauchpumpe ausgeschaltet bleibt.

Ist das Wohnmobil passend an der Entsorgungsstation geparkt, kann der Frischwasserhahn (Drehrad oben am Frischwassertank) geöffnet werden – falls überhaupt Frischwasser abgelassen werden muss.

Jetzt wird der Hahn des Grauwassertanks geöffnet (meist unten am Fahrzeug).

Frostschutzventil des Boilers offnen. Alle Wasserhähne in Kalt- und Warmstellung bringen, damit beide Wasserleitungen entleert werden.

Den Hahn des Grauwassertanks kann man nach der Leerung bis zur nächsten Reise zum Durchlüften geöffnet lassen. Den Frischwasserhahn sollte man schließen, zur Belüftung des Tanks kann aber ein Reinigungsdeckel innen geöffnet bleiben.

ENTERTAINMENT

Grundsätzlich braucht man zum Fernsehen nur eine Antenne und einen Fernseher samt Receiver (Empfänger). Wer dagegen lieber Sendungen schaut, die gerade im Moment nicht ausgestrahlt werden, braucht Internet. Viel Internet.

FERNSEHEN ÜBER SENDESTATIONEN

Vor lauter Satellitenschüsseln könnte man es fast vergessen, aber es gibt immer noch Fernseh-Sendestationen auf der Erde. DVB-T heißt diese Art des erdgebundenen Antennenfernsehens und ist die Abkürzung für »digital video broadcasting – terrestrial«. Die digitalen Signale werden von Sendestationen am Erdboden verbreitet; dadurch ist die Reichweite naturgemäß begrenzt.

Mit der aktuellen, zweiten Generation (DVB-T2) kann man in Deutschland rund 20 öffentlich-rechtliche Sender wie das Erste und ZDF in HD-Qualität empfangen. Die empfangbaren Regionalprogramme sind in den einzelnen Bundesländern unterschiedlich. So lassen sich zum Beispiel in Nordrhein-Westfalen lediglich WDR, NDR, MDR und SWR empfangen. Um die rund 20 wichtigsten Privatsender schauen zu können, muss man ein kostenpflichtiges Freenet TV Abonnement abschließen.

Zum Empfang benötigt man lediglich einen DVB-T2-tauglichen Fernseher und eine entsprechende Antenne. In Kastenwagen braucht man wegen der effektiven Signalabschirmung durch die Blechhaut meist mindestens eine aktive Zimmerantenne, die das Signal verstärkt. Besser funktioniert eine DVB-T2-Außenantenne.

DVB-T-Sendestationen gibt es in ganz Europa, aber im Ausland lassen sich logischerweise nur die lokalen Sender in Landessprache empfangen.

FERNSEHEN ÜBER SATELLIT

Mit einer Satelliten-Anlage lassen sich auch die heimischen Sender fast überall auf der Welt empfangen. Voraussetzung dafür ist ein ungestörter freier Blick der Antenne auf den Satelliten (meist Astra 1 oder Hotbird). Im Gegensatz zu den frühen Zeiten des Fernsehens, wo man durch Verstellen des Antennengestrüpps auf dem Hausdach das Bild besser oder schlechter machen konnte, lautet beim Digitalempfang die Devise: alles oder gar nichts.

Mutter aller Satellitenantennen ist die Parabolantenne. Die Schüssel reflektiert die schwachen TV-Signale des Satelliten genau in ihren Brennpunkt, in dem die Empfangseinheit, der LNB (low noise block converter – rauscharmer Signalverstärker) sitzt.

Zum Fernsehen stellt sich die Schüssel auf dem Dach elektrisch auf, der LNB-Arm klappt aus, die Empfangseinheit beginnt sich zu drehen – und ist innerhalb von einer bis zwei Minuten auf den gewünschten Satelliten ausgerichtet.

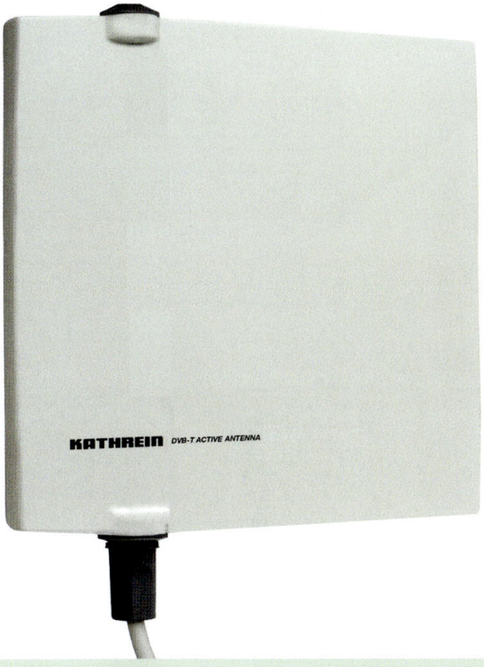

Kontakt nach draußen: Um im blechernen Kastenwagen ein gutes Fernseh-Signal zu empfangen, braucht man eine aktive Antenne als Signalverstärker.

Schüsselerlebnis: Eine Parabolantenne braucht Freiraum zum Drehen. Die gängigen Durhmesser liegen zwischen 65 und 85 Zentimeter.

Bei der Dachmontage einer Parabolantenne muss man viel Bewegungsfreiheit für die Antenne einplanen, damit der ausladende LNB-Arm zum Beispiel nicht mit einem aufgestellten Dachfenster kollidieren kann. Die meistverwendeten Schüsseln haben einen Durchmesser zwischen 65 und 85 Zentimetern. Schüsseln mit großem Durchmesser können auch in besonders entlegenen Gegenden der Welt aus schwachen Signalen ein Fernsehbild einfangen. Solch ein großer Schirm ist andererseits aber auch ungewollt in der Lage, ein Solarpanel auf dem Dach zu beschatten.

Das ist bei einer Flachantenne anders, denn sie ist meist nur um die 50 Zentimeter breit und kommt ohne einen LNB-Arm aus. Bei einer Flachantenne sorgen viele kleine über die Fläche verteilten Einzelantennen für den Empfang. Gebündelt wird hier nichts, daher ist die Empfangsleistung in den Randbereichen der Satelliten-Ausstrahlung auch nicht so gut wie die einer Parabolantenne. Dafür benötigt eine Flachantenne aber wegen des fehlenden LNB-Arms weniger Platz.

Eine Schüssel klappt für den Fahrbetrieb nach vorn, die Innenseite ist dann geschützt. Eine Flachantenne dagegen klappt nach hinten, die

Flunder: Eine Flachantenne benötigt vergleichsweise wenig Platz. In ihr sitzen zahlreiche kleine Einzel-Antennen.

Empfangsseite ist also ständig Wind und Wetter ausgesetzt. Oft werden Flachantennen daher als hagelresistent beworben. Schade, dass es der Kastenwagen selbst nicht ist.

Wer den Zuwachs der Fahrzeughöhe und die nötige Dachbohrung durch den Anbau einer Dachantenne scheut, kann auf eine mobile Antenne ausweichen, die abseits des Fahrzeugs auf ein Stativ gestellt wird. Das hat den Vorteil, dass das Wohnmobil unter Bäumen stehen und die Satellitenantenne trotzdem Blickkontakt zum Satelliten haben kann. Auch die mobilen Antennen gibt es als Parabol- oder Flachantenne.

Hochwertige mobile Modelle richten sich wie eine Dachantenne vollautomatisch auf den Satelliten aus. Die günstigen mobilen Varianten müssen manuell auf den gewünschten Satelliten ausgerichtet werden. Dann signalisiert ein vorübergehend angeschlossener Sat-Finder, wenn die Antenne richtig steht. Menschenfreundliche Sat-Finder zeigen das lediglich an, die Nervensägen unter diesen Geräten geben penetrante Töne von sich.

FERNSEHER

TV-Geräte für den Einsatz im Campingbereich sind teurer als vergleichbare Modelle für das heimische Wohnzimmer. Woran liegt das? Ganz einfach: Ein Fernseher im Wohnmobil wird während der Fahrt ordentlich durchgerüttelt. Er muss knackige Minusgrade und brütende Hitze ertragen. Und wenn das Wohnmobil zum Beispiel bei kühlen Außentemperaturen schnell aufgeheizt wird, muss er sich auch noch eine leichte Befeuchtung gefallen lassen. Während ein Camping-Fernseher all diese Strapazen im Normalfall übersteht, würde das Wohnzimmer-Modell unter diesen Umständen bald in die ewigen Jagdgründe eingehen.

Ein weiterer Unterschied ist die Stromversorgung. Im Elektronikmarkt gibt es zwar das eine oder andere Modell, dass sich wie ein Camping-Fernseher auch mit 12 Volt Spannung betreiben lässt. Aber der Camping-Fernseher darf bei seiner Versorgung nicht zimperlich sein: Er muss auch bei einer Spannung von 11, 12, 13 oder 14 Volt noch ordentlich funktionieren.

INTERNET IM CAMPER VAN

Nicht jeder mag sich sein Unterhaltungsprogramm à la »Es wird geschaut, was jetzt gesendet wird« diktieren lassen. Nicht lineares Fernsehen nennt man die Gegenreaktion, also das Schauen von Filmen bei Streaminganbietern oder in Mediatheken – wann und was man will. Dafür braucht man nur ein Smart TV und Zugang zum Internet. Außerdem, Internet braucht heutzutage ja sowieso fast jeder, auch im Urlaub. Doch wie kommt das in den Kasten?

Man kann sich zum Beispiel in ein bestehendes WLAN einklinken. Fast jeder Campingplatz bietet ein eigenes Netz, aber die Nutzungsgebühren reichen von gratis bis Wucher und die Qualität von grandios bis unterirdisch. Außerhalb von Campingplätzen findet man zwar auch WLAN – wie bei vielen Supermärkten oder Fast-Food-Restaurants – aber eben nicht flächendeckend. Außer man ist in Estland unterwegs: Das baltische Land verspricht eine Abdeckung von 99 Prozent, so dass man selbst in entlegenen Wäldern mit WLAN rechnen kann.

BESSER WISSEN

WLAN ODER WIFI?

WLAN kürzt »wireless local area network« ab, was übersetzt lokales Funk-Netzwerk heißt. WiFi (wireless fidelity) dagegen bezeichnet ein Funk-Netzwerk nach dem IEEE-802.11-Standard, das zu anderen WiFi-Geräten kompatibel ist. Jedes WiFi ist also ein WLAN, aber nicht jedes WLAN ein WiFi.

Ein schwaches WLAN-Signal kann man zwar mittels Außenantenne einfangen und verstärken, zu einem größeren Datendurchsatz (Bandbreite nennt dies der Fachmann) kann diese Methode aber nicht verhelfen. Beginnt also der gesamte Campingplatz, abends Filme über WLAN zu streamen, hat keiner ungetrübten Filmgenuss.

INTERNET PER MOBILFUNK

Die Flächenabdeckung des Mobilfunknetzes ist da schon sehr viel besser. Zwar hinkt Deutschland in dieser Beziehung vielen anderen Ländern hinterher, aber immerhin.

Der einfachste Weg, seinen Laptop oder das Notebook über das Mobilfunknetz mit dem Internet zu verbinden, ist die Verwendung eines Surfsticks. Einfach in eine freie USB-Buchse des Rechners gesteckt – und schon ist man drin. Surfsticks gibt es mit Prepaid-Tarif oder mit Vertrag. Der Nachteil des Surfsticks: Nur das Gerät, in dem der Stick steckt, hat Zugang zum Internet.

Das ist bei einem mobilen Router anders. Er erzeugt ein eigenes WLAN, in das sich je nach Ausführung zwischen 20 und über 30 Geräte passwortgesichert einwählen können. Der mobile Router, auch »MiFi-Router« genannt, wird mit einer eigenen SIM-Karte bestückt, wofür sich ein großzügiges Datenvolumen anbietet. Im Ausland sollte man diese Karte von einem lokalen Anbieter kaufen, da die Tarife außerhalb Deutschlands oft viel günstiger sind. Es gibt Geräte, die mit Akku betrieben werden und sich somit überall hin mitnehmen lassen oder solche mit fester Stromversorgung, die home-office-mäßig mit Netzwerk- und USB-Anschlüssen verwöhnen.

Transportabel: Ein mobiler Router kann auch außerhalb des Wohnmobils genutzt werden.

Um die abschirmende Wirkung der blechernen Karosserie eines Kastenwagens zu umgehen, kann eine externe Antenne eine gute Verbindung zur Außenwelt schaffen. Der Handel bietet hier eine große Auswahl: von der einfachen Mobilfunkantenne mit Magnetfuß bis hin zur Kombiantenne, die neben dem Mobilfunksignal auch gleich noch WLAN und DVB-T einfängt.

Natürlich kann man auch mit seinem Smartphone einen Hotspot freigeben. Dann verbindet man seinen Laptop mit diesem Mini-WLAN und surft auf Kosten des Handy-Mobilfunkvertrages im Internet. Allerdings ist so weder das Telefonieren bei gleichzeitiger Internetverbindung noch der Anschluss einer Außenantenne möglich.

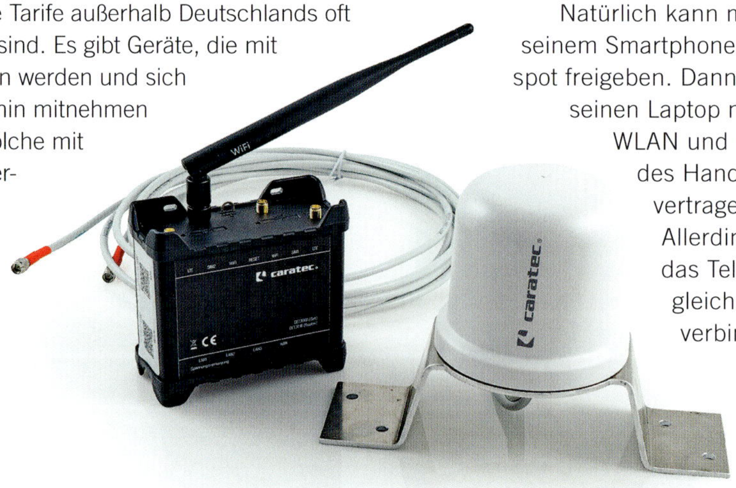

Stationär: Kombigerät samt Außenantenne für den Empfang von WiFi und Mobilfunk, bietet WLAN und drei LAN-Anschlüsse.

NAVIGATION

Da entgegen des alten Sprichworts nicht alle Wege nach Rom führen, ist ein Navigationsgerät eine ungemein praktische und nervenschonende Erfindung. Jedes Smartphone bringt mittlerweile irgendeine Karten-App mit, die auch navigieren kann. Doch dass man damit auch mit einem Wohnmobil sicher ans Ziel kommt, ist nicht selbstverständlich. Auf der vorgeschlagenen Route können sich Hindernisse verbergen, die für Pkw keine sind: zu niedrige Durchfahrten, zu enge Gassen oder Gewichtsbeschränkungen. Für die Navigation per Smartphone empfiehlt es sich also, eine App zu installieren, die fahrzeugspezifische Eigenschaften berücksichtigen kann.

Auch einem externen Navigationsgerät sollte man mitteilen können, wie groß und schwer das Wohnmobil ist. Geeignete Geräte findet man im Internet zum Beispiel mit der Suche »Navigationsgerät Wohnmobil«.

Die zweifellos komfortabelste, aber auch teuerste, aber auch komfortabelste Lösung ist der feste Einbau eines Naviceivers. Solch ein Gerät ist nicht nur Navigationssystem und Receiver in einem, sondern bietet zahlreiche Zusatzfunktionen wie zum Beispiel die Einbindung des Smartphones in das Infotainment des Fahrzeugs samt Freisprechanlage (per Apple CarPlay beziehungsweise Android Auto) oder die Anzeige der Rückfahrkamera.

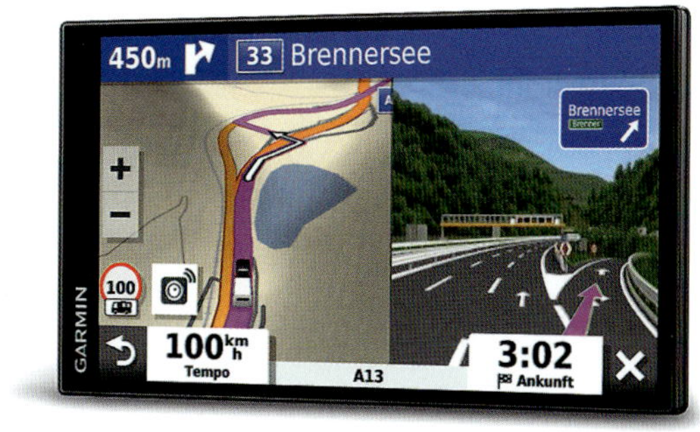

Maßgeschneidert: Erlaubt das externe Navigationsgerät die Eingabe der Abmessungen und das Gewicht des Wohnmobils, wird es bei der Routenführung voraussichtlich keine bösen Überraschungen geben.

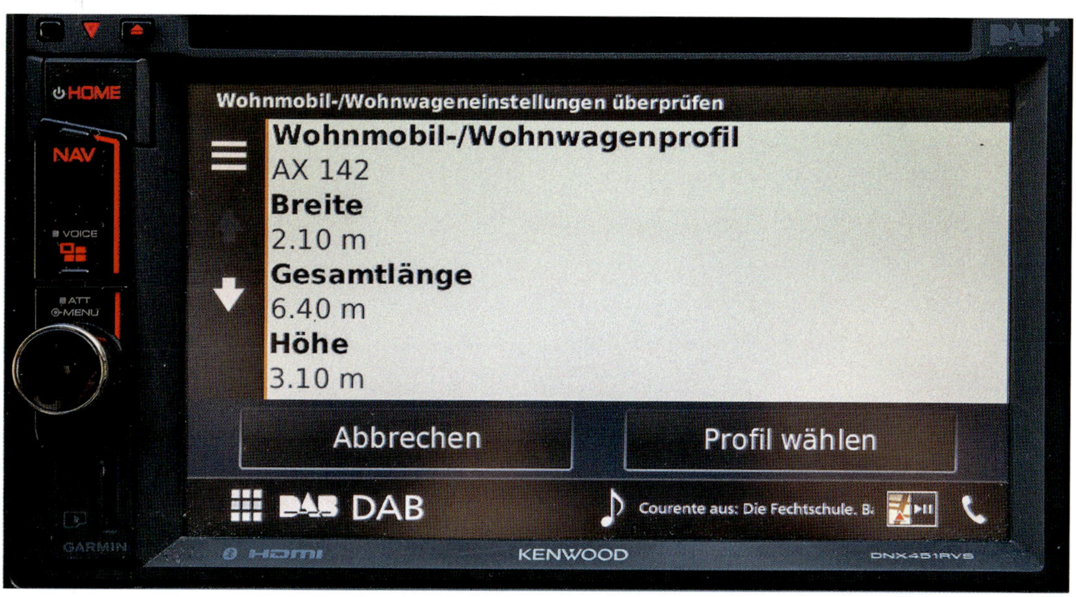

Nervenschonend: Wenn das Navigationssystem die Abmessungen des Wohnmobils kennt, wird es keine Routen mit zum Beispiel zu niedrigen Unterführungen vorschlagen.

BAUFORMEN VON WOHNMOBILEN

In Deutschland sind fast die Hälfte aller neu produzierten Wohnmobile Kastenwagen. Ein Blick über den Tellerrand: Was gibt es eigentlich sonst noch für Bauformen?

MINICAMPER

Diese Gattung mit rund 4,50 Meter langen Basisfahrzeugen ist noch relativ jung. Man nehme ein Basisfahrzeug, das eine Nummer kleiner als ein Bus ist, verstaue eine Mini-Küche und ein ausfaltbares Bett – und fertig ist der Minicamper. Wendiger und alltagstauglicher kann ein Wohnmobil nicht sein, kleiner allerdings auch kaum noch. Urlaub mit einem solchen Fahrzeug erfordert viel Bereitschaft sowohl für Kompromisse als auch zum Hin- und Herräumen. Aufstelldach und Toilette? Fehlanzeige. Die Preise für Minicamper starten bei VW bei rund 26.000 Euro, einen ausgebauten Dacia Dokker findet man dagegen schon für 19.000 Euro.

Platz ist in der kleinsten Hütte: Selbst in einem so kleinen Auto lässt sich eine Camping-Einrichtung unterbringen. Allerdings ist Flexibilität gefordert.

VW Caddy California

Mercedes-Benz Marco Polo

CAMPINGBUS

Campingbusse, oft auch »Vans« genannt, sind meist um die fünf Meter lang und knapp unter zwei Meter hoch – somit ist ihnen die Einfahrt in die meisten Parkhäuser noch möglich. Nach dem Hochklappen des Aufstelldachs entsteht massig Stehhöhe, klappt man den am aufgestellten Dach befestigten Lattenrost herunter, ist das Dachbett zum Heraufklettern bereit. Die Liegefläche von rund 200 x 120 Zentimetern bietet Platz für zwei Kinder – oder zwei Erwachsene, die nichts gegen nächtlichen Körperkontakt einzuwenden haben. Durch Umbau der Rücksitzbank kann eine weitere Schlaffläche aufgefaltet werden, die fast genauso groß ist – der Liegekomfort in Parterre lässt aber wegen der deutlich härteren Unterlage meist etwas zu wünschen übrig.

In einem Campingbus sind üblicherweise eine Küchenzeile mit einer 40-Liter-Kühlbox und Gasherd sowie einige Schränke untergebracht. Eine Toilette sucht man meist vergeblich.

Platzhirsch unter den ausgebauten Campingbussen ist der VW Bus. 1989 wurde der VW California als Campingbus eingeführt. 1996 erhielt der ausgebaute Bulli Konkurrenz, denn Mercedes-Benz brachte den Marco Polo auf Basis des Viano auf den Markt.

Kleiner Camper, kleiner Preis? Fehlanzeige. Campingbusse sind in Relation zu ihrer Größe sehr teuer. Dafür erhält der Käufer einen Pkw-ähnlichen Fahrkomfort. Preisgünstigere Ausbauten findet man zum Beispiel auf der Basis von Renault Trafic oder Ford Transit Custom.

VW California

Platzhirsche: VW und Mercedes-Benz dominieren den Markt der Campingbusse. Das Aufstelldach bringt Stehhöhe und bietet zwei Schlafplätze.

Fahrerhaus im Original, Anbau hinten und oben: die Kennzeichen eines teilintegrierten Wohnmobils.

TEILINTEGRIERTES WOHNMOBIL

Hersteller von Teilintegrierten (oft als »TI« abgekürzt) verwenden nicht das komplette Fahrzeug als Basis, sondern lassen sich vom Hersteller lediglich das Chassis samt Fahrerhaus und Motor liefern. Der Wohnraum wird auf dem Chassis aufgebaut und das Fahrerhaus für die Anbindung an den Wohnraum an Dach und Rückwand ausgeschnitten – das Fahrerhaus ist somit teilintegriert. Bei Teilintegrierten bilden die Nutzfahrzeuge von Fiat und den fast baugleichen Konsorten von Citroën oder Peugeot am häufigsten die Basis.

Eine Küchenzeile samt einem großen Kühlschrank und ein Waschraum mit Toilette sind bei allen Modellen Standard. Der Stauraum, »Heckgarage« genannt, befindet sich hinter großen Klappen an den Fahrzeugseiten.

Teilintegrierte werden in Längen zwischen sechs und knapp acht Meter angeboten, die Fahrzeughöhe liegt zwischen 280 und 300 Zentimeter. Die übliche Fahrzeugbreite beträgt um die 2,35 Meter. Somit sind die meisten Teilintegrierten rund 30 Zentimeter breiter als ein Kastenwagen, was den Wohnraum spürbar luftiger macht. Andererseits gibt es einen Trend zu schmaleren Aufbauten mit 2,05 bis 2,20 Meter Außenbreite, um die Handlichkeit und Alltagstauglichkeit dieser Wohnmobile zu erhöhen. Um die Verwirrung komplett zu machen: Auch diese schmalen Teilintegrierten werden manchmal »Vans« genannt.

Die Grundpreise für Teilintegrierte beginnen teilweise unter den Einstiegspreisen für Kastenwagen, was ein Resultat der einfacheren Herstellungsmethode ist. Während der Ausbau eines Kastenwagens im Fahrzeug erfolgen muss, kann die Inneneinrichtung eines Teilintegrierten oder Integrierten bequem auf der Bodenplatte hochgezogen werden. Wände und Dach werden erst zum Schluss montiert. Daher werden diese Fahrzeuge auch »aufgebaute Wohnmobile« genannt.

Platz satt: Je nach Fahrzeuglänge ist das Raumangebot sehr üppig.

Erst die Möbel, dann die Wände: Hier wird klar, warum man diese Fahrzeuge auch »aufgebaute Wohnmobile« nennt.

Die Nase hoch im Wind: Es gibt windschlüpfrigere Bauformen als den Alkoven.

ALKOVEN

Auch ein Alkovenmobil ist ein teilintegriertes Wohnmobil, nur dass sich hier eine geräumige Schlafkoje über dem Fahrerhaus befindet. Dieser Trick ermöglicht das Unterbringen weiterer Betten im Heck; daher bietet sich das Alkovenkonzept mit seinen bis zu sieben Schlafplätzen als Wohnmobil für Großfamilien an. Allerdings gibt es auch Modelle, die mit lediglich zwei längs angeordneten Einzelbetten über dem Fahrerhaus das Alkovenkonzept auch für Paare interessant machen.

Während bei Bussen, Kastenwagen und Teilintegrierten die Fahrersitze fast immer drehbar sind und so zum Wohnraum gehören, finden sich bei Alkovenmobilen stattdessen oft zwei am Tisch gegenüberliegende Sitzbänke.

Alkovenmobile sind meist zwischen 6 und 7,50 Meter lang und wie die Teilintegrierten 2,35 Meter breit. Die Koje über dem Dach verursacht zusätzliche Fahrzeughöhe, und so misst die Mehrzahl der Fahrzeuge in der Senkrechten drei Meter oder mehr.

Warum ein Alkoven-Fahrzeug häufig als »Nasenbär« bezeichnet wird, ist nicht zwingend einleuchtend, denn dann trüge der Alkoven seine Nase ganz schön hoch. Fakt ist: Die Bauweise mit der hohen Stirn lässt den Spritverbrauch ansteigen und bewirkt wegen der ungünstigen Schwerpunktlage ein etwas wankendes Fahrverhalten.

Bett im Dachgeschoss: Geschlafen wird über dem Fahrerhaus.

INTEGRIERTES WOHNMOBIL

Bei einem Integrierten ist auch das Fahrerhaus Marke Eigenbau vom Wohnmobil-Hersteller und nahtlos in den Wohnraum integriert. Eine Fahrer- und Beifahrertür sucht man meist vergeblich; der Weg zum Lenkrad führt durch die gute Stube.

Das Fahrgefühl in einem Integrierten ist etwas gewöhnungsbedürftig, denn die Frontscheibe steht viel steiler als gewohnt und ist dadurch weit vom Fahrer entfernt. Wo das Wohnmobil vorn endet, kann man daher oft nur ahnen.

Integrierte sind in Längen von rund 6,50 bis 8 Meter erhältlich, von einem Fahrzeug für alle Tage kann da beim besten Willen nicht mehr die Rede sein. Dafür ist ein Integrierter eine Ferienwohnung auf Rädern, so ausgelegt, dass man damit nicht nur Wochen, sondern gleich Monate unterwegs sein kann – egal, ob im Sommer oder im Winter. Dazu trägt nicht nur das großzügige Raumgefühl mit großzügig geschnittenem Bett und Bad bei, sondern auch die reichhaltige Ausstattung mit Warmwasserheizung und üppig bemessenen Tanks und Batterien.

Integrierte sind etliche tausend Euro teurer als Teilintegrierte. Die Gründe: Als Basisfahrzeug dient bei Integrierten häufiger als bei Teilintegrierten der Sprinter von Mercedes-Benz, und auch die Eigenkonstruktion der Fahrzeugfront kostet Geld.

Hymer B-Klasse Masterline 880

Aus einem Guss: Das Fahrerhaus ist voll in den Wohnraum integriert.

Hymer B-Klasse Masterline 880

Fahrerhaus Marke Eigenbau: Bei einem Integrierten ist vom urprünglichen Fahrzeug kaum noch etwas zu erkennen.

LINER

Wenn ein Integrierter eine Ferienwohnung auf Rädern ist, so übertrumpft ihn der Liner als rollende Villa. In dieser Klasse sind Klimaanlage, Großbildfernseher und Duschlandschaften eine Selbstverständlichkeit. Eine Garage, um den Klein- oder Sportwagen mitzunehmen, ist keine Seltenheit.

Die Basis stammt oft von Iveco oder MAN. Die Länge eines ausgewachsenen Liners beginnt da, wo die Integrierten aufhören, nämlich bei rund acht Metern, und endet bei ungefähr zwölf Metern. Mit dieser Länge können nur noch Wohnbusse, wie die Eigenausbauten von ehemaligen Reisebussen genannt werden, mithalten. Mit 2,35 oder 2,45 Meter ist ein Liner zwar nicht auffällig breit, aber mit nicht selten fast vier Metern besonders hoch – Straßenschilder, die die maximale Durchfahrtshöhe anzeigen, verdienen höchste Aufmerksamkeit.

Eine Villa ist teurer als eine Ferienwohnung, und so beginnen die Einstiegspreise für Liner bei mehreren hunderttausend Euro. Es ist aber auch möglich, zwei Millionen Euro auszugeben. Alternativ könnte man sich dafür auch eine Flotte von 50 Kastenwagen kaufen.

Concorde Liner

Villa auf Rädern: Ein Linerfahrer kennt sicher keine Raum-, dafür aber manchmal Parkprobleme.

Man gönnt sich ja sonst nichts: Raum und Luxus im Überfluss.

FAHRERLAUBNIS-KLASSEN

FAHRERLAUBNIS FÜR DEN KASTENWAGEN

Klasse B: Wohnmobile bis zu einer zulässigen Gesamtmasse (zGM) von 3500 Kilogramm, auch mit einem Anhänger mit einer zGM von bis zu 750 Kilogramm. Anhänger über 750 Kilogramm zGM sind nur erlaubt, wenn die Summe der zGM von Wohnmobil und Anhänger 3500 Kilogramm nicht übersteigt.

Klasse B96: Eine Kombination aus Wohnmobil und Anhänger darf insgesamt 4250 Kilogramm zGM nicht übersteigen. Das gibt bei leichteren Fahrzeugen also mehr Spielraum für schwerere Anhänger.

Klasse BE: Eine Kombination aus Wohnmobil und Anhänger darf insgesamt 7000 Kilogramm zGM nicht übersteigen, wobei für das Wohnmobil weiterhin die 3500-Kilogramm-Grenze gilt.

Klasse C1: Wohnmobile mit einer zGM von mehr als 3500 und weniger als 7500 Kilogramm, auch mit einem Anhänger mit einer zGM von bis zu 750 Kilogramm.

Diese Regelungen gelten natürlich nicht nur für Wohnmobile, sondern auch für Pkw.

Autofahrer, die ihren Führerschein vor 1999 gemacht haben, können dieses Kapitel überspringen. Oder es doch lesen und sich dabei freuen, was sie mit ihrem alten Führerschein der Klasse 3 so alles ohne Zusatzprüfungen fahren dürfen.

Am 01.01.1999 hielt das EU-Buchstabensystem Einzug in die deutschen Führerscheine. Seit diesem Zeitpunkt findet der Autofahrer auf der Rückseite seiner Fahrkarte den Eintrag »Klasse B«. Das ist die Lizenz zum Fahren von vierrädrigen Kraftfahrzeugen samt einem kleinen Anhänger – oder eines größeren Anhängers, wenn die Summe derer beiden zulässigen Gesamtmassen 3500 Kilogramm nicht übersteigt. Die zulässige Gesamtmasse entspricht dabei der Summe aus Leermasse des Fahrzeugs und dessen maximal erlaubter Zuladung – der entsprechende Wert ist in der Zulassungsbescheinigung Teil 1 (bis 2005 hieß das kleine Stück Papier etwas griffiger noch »Fahrzeugschein«) in der Zeile F.1 zu finden. Auch für Wohnwagenbesitzer gilt also: Bleibt die zulässige Gesamtmasse der Kombination von Auto und Caravan unter der magischen Grenze von 3500 Kilogramm, ist für das Fahren des Gespanns die Fahrerlaubnisklasse B ausreichend.

BESSER WISSEN

MASSE ODER GEWICHT?

Oft ist statt von der zulässigen Gesamtmasse, abgekürzt zGM, vom zulässigen Gesamtgewicht (zGG) die Rede. Gemeint ist dasselbe, doch zwischen Masse und Gewicht besteht ein entscheidender Unterschied: Die Masse eines Kastenwagens ist auf der Erde und beispielsweise auf dem Mond identisch. Sein Gewicht, genauer seine Gewichtskraft, hingegen nicht: Auf dem Mond würde er nur rund ein Sechstel seines Erden-Gewichts wiegen. Da die Maßeinheit von Massen Kilogramm, von Gewichtskräften dagegen Newton lautet, ist also die »zulässige Gesamtmasse« die korrekte Bezeichnung. Andererseits: Auf dem Mond wurde bisher noch kein einziger Kastenwagen gesichtet.

SCHWERERE ANHÄNGER: KLASSE B96

Für schwerere Wohnwagen muss die B-Lizenz durch eine mehrstündige Schulung in Theorie und Praxis in der Fahrschule erweitert werden, eine Prüfung gibt es nicht. Als Gegenleistung für die Kosten von rund 500 Euro findet sich fortan die Fahrerlaubnisklasse B96 auf dem Führerschein. Damit darf ein Gespann mit einer zulässigen Gesamtmasse von insgesamt 4250 Kilogramm bewegt werden, wobei für das Zugfahrzeug weiterhin die 3500-Kilogramm-Grenze gilt.

NOCH SCHWERERE ANHÄNGER: KLASSE BE

Für Anhänger mit einer zulässigen Gesamtmasse von maximal 3500 Kilogramm braucht man die Fahrerlaubnisklasse BE. Hierfür sind sowohl Sonderfahrten in der Fahrschule als auch eine Fahrprüfung vorgeschrieben – inklusive der Prüfungskosten muss man dafür mit rund 1000 Euro rechnen. Für das Zugfahrzeug gilt weiterhin die 3500-Kilogramm-Grenze.

SCHWERERE ZUGFAHRZEUGE: KLASSE C1

Beträgt die zulässige Gesamtmasse des Fahrzeugs mehr als 3500 und weniger als 7500 Kilogramm – was zum Beispiel bei einem aufgelasteten Kastenwagen der Fall ist – wird die Fahrerlaubnisklasse C1 nötig. Zwar sind für die Fahrerlaubnis für mittelschwere Lkw nur fünf Pflicht-Fahrstunden vorgeschrieben, doch mit den zahlreichen Theoriestunden in der Fahrschule, den Übungsstunden auf der Straße (deren Zahl sehr unterschiedlich ausfallen kann) und Prüfungsgebühren kommt man oft locker auf 2000 Euro oder mehr.

Inhaber eines Führerscheins der alten Klasse 3, also des Autoführerscheins vor 1999, können über diese ganzen Regelungen nur müde lächeln. Bei Ihnen sind dank eines umfassenden Bestandschutzes die Fahrerlaubnisklassen B, BE und C1 eingeschlossen.

HALTBARKEITSDATUM

Alle vor dem 19.01.2013 ausgestellten Führerscheine müssen bis spätestens 19.01.2033 umgetauscht werden. Wer häufiger in anderen Ländern der EU unterwegs ist, sollte damit aber nicht so lange warten, auch wenn aus alter Verbundenheit die Liebe zu dem rosa (seit 1986) oder gar grauen lappigen Führerschein noch so groß ist. Denn der Hauptgrund für die Harmonisierung der Führerscheinklassen war ja, dass auch die Ordnungshüter anderer EU-Länder verstehen können, welche Fahrerlaubnis ihnen da aus dem Fenster gereicht wird. Keine Angst, beim Umtausch der Fahrerlaubnis in die aktuellen Klassen darf keine der bisherigen Fahrberechtigungen verloren gehen.

Übrigens, wem es noch nicht aufgefallen ist: Führerscheine, die nach dem 19.01.2013 ausgestellt wurden, haben tatsächlich ein Verfallsdatum – nach 15 Jahren wird ein neues Dokument fällig. Eine erneute Gesundheitsuntersuchung oder gar eine Führerscheinprüfung für eine Verlängerung ist aber nicht nötig.

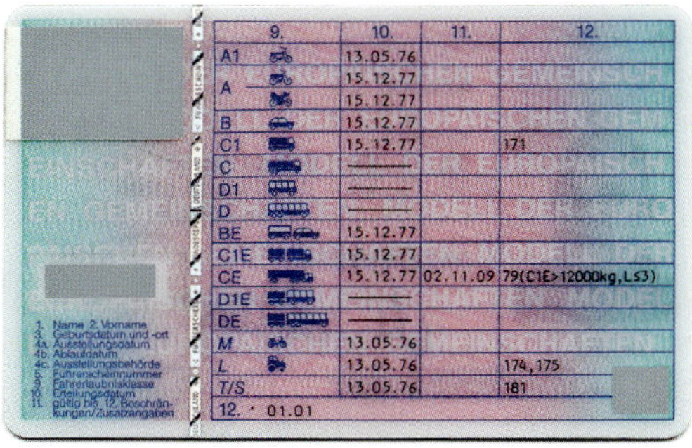

All inklusive: Mit der Klasse 3 des alten Führerscheins darf man noch so ziemlich alles fahren.

DIE LÄSTIGEN PFUNDE

»3060 Kilogramm Masse in fahrbereitem Zustand« – solch eine Angabe im Herstellerkatalog für ein 6,36-Meter-Fahrzeug erweckt den Eindruck, man könne in diesem Wohnmobil mitnehmen, was man nur möchte. Schließlich beträgt die zulässige Gesamtmasse 3500 Kilogramm. Und richtig, da ist in der Werbebroschüre auch zu lesen: »Zuladung bei 20 Liter Fahrwasser zirka 440 Kilogramm«. Dieser gedankliche Berg an Zuladung kann in der Realität jedoch zu einem kläglichen Hügel zusammenschrumpfen.

MASSE IN FAHRBEREITEM ZUSTAND

Die »Masse in fahrbereitem Zustand« ist nach der EU-Verordnung 1230/2012 für Kraftfahrzeuge im Artikel 2, Ziffer 4a folgendermaßen definiert: »Masse des Fahrzeugs mit dem zu mindestens 90 % gefüllten Kraftstofftank, zuzüglich der Masse des Fahrers, des Kraftstoffs und der Flüssigkeiten, ausgestattet mit der Standardausrüstung gemäß den Herstellerangaben sowie, sofern vorhanden, der Masse des Aufbaus, des Führerhauses, der Anhängevorrichtung und des Ersatzrades sowie des Werkzeugs.« Aha. Das ruft eindeutig nach einer verständlicheren Erklärung.

Was genau ist in den fahrbereiten 3060 Kilogramm aus dem Beispiel enthalten? Zunächst die Masse des Fahrzeugs samt dem serienmäßigem Ausbau. Hier geht es schon los: Da bei einem Wohnmobilausbau wegen geringfügig unterschiedlicher Holzdicken nicht auf das Kilogramm genau gerechnet werden kann, gilt die so genannte »Fünf-Prozent-Regel«. Das ausgebaute Wohnmobil darf also fünf Prozent von der angegebenen Masse nach oben oder unten abweichen. Fünf Prozent machen bei einem Wohnmobil mit 3060 Kilogramm Masse schon satte 153 Kilogramm aus, so dass die erlaubte Zuladung allein dadurch im ungünstigsten Fall schon auf 287 Kilogramm schrumpfen kann. Abweichungen zugunsten der Zuladung sind eher die Ausnahme.

Zu den fahrbereiten 3060 Kilogramm gehören außerdem: das Bordwerkzeug, ein zu 90 Prozent gefüllter Kraftstofftank, die Masse des Fahrers (die generell mit 75 Kilogramm veranschlagt wird) und eine volle Flüssiggasflasche (manch spitzfindiger Hersteller legt hier sogar nur das Gewicht einer Alu- statt einer schwereren Stahl-Gasflasche zugrunde). Und schließlich der für den Fahrbetrieb zu 100 Prozent gefüllte Frischwassertank. Wieso die feine Unterscheidung »für den Fahrbetrieb«? Weil die Hersteller trotz eines meist um die 100 Liter fassenden Frischwassertanks durch einen separat zu öffnenden Überlaufhahn die Wassermenge für die Fahrt listig auf 20 Liter begrenzen.

DAS GEHT AB

Und was alles ist in der Masse im fahrbereiten Zustand nicht enthalten? Zum Beispiel ein vollwertiges Ersatzrad, wenn es, wie oft üblich, nicht zur Serienausstattung des Wohnmobils gehört. Auch eine Markise, ein Fahrradhalter, ein Radio, ein Fernseher, eine SAT-Anlage, eine zweite Bordbatterie oder eine Solaranlage machen das Wohnmobil schwerer und knabbern damit an der Zuladung. So kann es schnell passieren, dass ein Wohnmobil mit den bestellten Anbau- und Zubehörteilen um die 3200 Kilogramm wiegt – ohne dass auch nur ein einziges Paar Socken im Schrank liegt oder ein einziger Topf in der Küche verstaut ist. Da das Wohnmobil reisefertig gepackt und mit allen Passagieren besetzt in diesem Beispiel nicht mehr als 3500 Kilogramm wiegen darf, bleiben also nur noch rund 300 Kilogramm für die Zuladung übrig.

Wiegt der Fahrer, was ja auch schon mal vorkommen soll, mehr als 75 Kilogramm? Alles, was die Waage darüber hinaus anzeigt, geht von den 300 Kilogramm ab. Der Rest muss dann noch für die Massen der anderen Mitreisenden sowie von Hund, Fahrrädern, Kindersitz, Grill, Campingtisch, Campingstühlen, zweiter Gasflasche, Kochtöpfen, Kleidung und Nahrungsmitteln reichen. Das erklärt auch, warum man kaum einen Kastenwagen mit 3500 Kilogramm zGM mit elektrischen Hubstützen, Luftfederung, Dachklimaanlage, Notstromaggregat und Gastank ausgestattet findet.

Stück für Stück: Wer Tabellen liebt, kann jedes einzelne Gepäckstück mit einer Kofferwaage wiegen und das Gewicht notieren. So kann man sich beim Beladen leichter entscheiden, was daheim bleiben muss.

Gewichte von Sonderausstattungen und Beladung (Beispiele)

Ausstattung Basisfahrzeug	**kg**
Neungang-Automatikgetriebe	18
Klimaanlage Fahrerhaus	18
Radio mit Navigation für Wohnmobile	4
Beifahrer-Airbag	3
Beifahrersitz höhenverstellbar	1
vollwertiges Ersatzrad	24
16- statt 15-Zoll-Felgen	18
Spiegel beheizbar und elektrisch verstellbar	2
Anhängekupplung (abnehmbar)	25
Ausstattung Exterieur	**kg**
Solaranlage 100 Wp	12
Markise (4 Meter)	30
Fahrradträger für die Hecktüren	14
Aufstelldach	130
Dachklimaanlage	28
Ausstattung Wohnraum	**kg**
2. AGM-Bordbatterie (95 Ah)	27
Sat-Anlage	17
Fernseher (22-Zoll-Bildschirm)	3
elektrische Trittstufe	12
Heckfenster in den Türen	4
Ausdreherweiterung für Tischplatte	5
Mehrgewicht Dieselheizung	4
Winterpaket	15
Beladung	**kg**
Fahrrad	11
E-Bike	20
Kindersitz	6
Tischgrill	4
Campingtisch	4
Campingstuhl	5
2. Stahlgasflasche (voll)	23
Kleidung Mann	10
Kleidung Frau	15
Kücheneinrichtung	15

Jetzt kann man viele Stunden in die Theorie der Gewichtskunde investieren. Oder man fährt das Wohnmobil einfach auf die Waage, was gegen kleines Geld zum Beispiel bei Prüforganisationen wie dem TÜV oder bei Recyclingfirmen möglich ist. Am besten reisefertig, also mit vollständiger Besatzung und allen Gepäckstücken beladen. Sollte sich das Gefährt dabei als zu schwer erweisen, kann man es nach und nach erleichtern und dabei jedes Gepäckstück mit einer Kofferwaage wiegen.

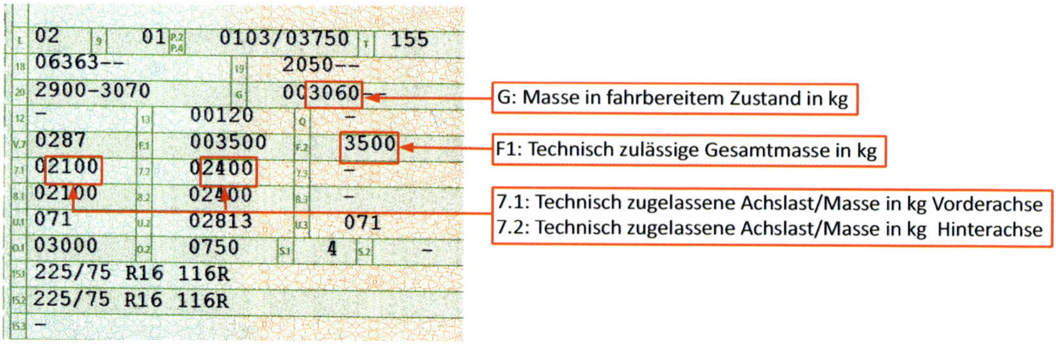

Gewusst wo: In der Zulassungsbescheinigung Teil 1 finden sich auch die beiden zulässigen Achslasten für vorn und hinten.

WEIGHT WATCHERS

Unwissen schützt leider vor Strafe nicht. In den Reisezeiten finden häufig mobile Gewichtskontrollen durch die Polizei statt. Je nach Land heißt es dann, entweder das Gesamtgewicht auf das erlaubte Maß zu reduzieren, was nur durch das Abwerfen von Ballast möglich ist (das Zurücklassen eines oder mehrerer Passagiere dürfte ja nur in Ausnahmefällen eine Option sein). Oder die Fahrt ist ab diesem Punkt ohnehin zu Ende. Abgesehen von dem Ärger wird auch noch eine Strafe fällig.

Jedoch darf nicht nur die technisch zulässige Gesamtmasse des Fahrzeugs nicht überschritten werden, auch die technisch zugelassene Achslast pro Achse muss eingehalten werden. Genau dies überprüft die Polizei vorzugsweise bei ihren mobilen Gewichtskontrollen.

Wer jetzt spitzfindig die technisch zugelassenen Achslasten für Vorder- und Hinterachsen addiert, wird feststellen, dass die Summe mehr als die technisch zulässige Gesamtmasse beträgt. Keine falsche Hoffnung: Die zusätzlichen Kilogramm sind keine Zuladungsreserve. Vielmehr geben die etwas höher ausgelegten maximalen Achslasten einen Spielraum, um das Fahrzeug im vorgeschriebenen Rahmen individuell zu beladen. Sonst müsste das Fahrzeug bei maximaler Beladung immer so bepackt werden, dass exakt die vorgeschriebene Gewichtsverteilung zwischen vorn und hinten erreicht wird.

Bußgeldkatalog: Überschreitung des zulässigen Gesamtgewichts für Fahrzeuge bis 7,5 Tonnen

Überladung	Bußgeld (Euro)	Fahrverbot
um über 5 %	10	0
um über 10 %	30	0
um über 20 %	95	1
um über 30 %	235	1

Stand: 2022

RAN AN DEN SPECK

Wer seine zwei AGM-Batterien mit 95 Ah durch eine LiFePO4-Batterie mit 100 Ah ersetzt, spart zwar auf einen Schlag rund 40 Kilogramm, wird aber ebenso schnell um mindestens einen Tausender ärmer. Zwei Alugasflaschen wiegen in Summe rund elf Kilogramm weniger als ihre Schwestern aus Stahl, aber jedes der eingesparten Kilos ist mit über 20 Euro sündhaft teuer.

Günstiger, wenn auch mit geringerem Effekt, ist die Gewichtsreduktion im Kleinen: Geschirr aus Melanin statt aus Porzellan, Gläser und Becher aus Kunststoff oder Töpfe aus Aluminium statt aus Stahl – die Menge macht's. Leseratten können einiges an Gewicht sparen, wenn sie statt schwerer gedruckter Bücher auf einen eBook-Reader zurückgreifen.

Die billigste Methode der Gewichtsreduzierung ist Verzicht: kein Fernseher, keine SAT-Anlage, keine Kaffeemaschine, kein Wechselrichter. Sogar an seinem eigenen Körpergewicht könnte man

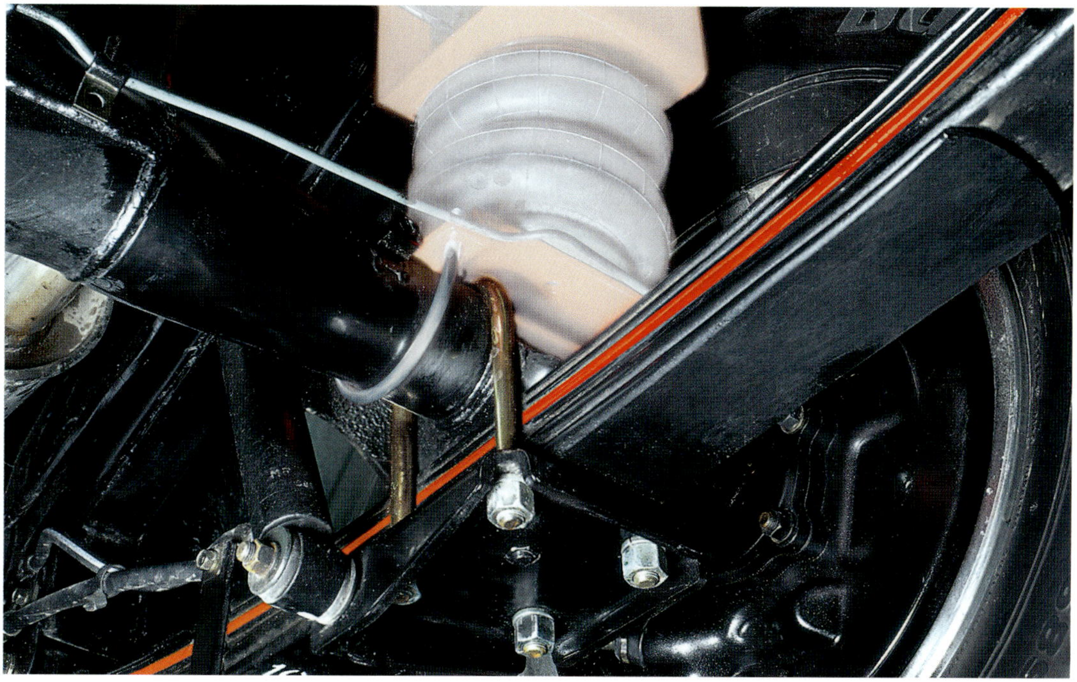

Zusatzfeder: Die Verstärkung der Blattfeder an der Hinterachse ist eine vergleichsweise günstige Form der Auflastung.

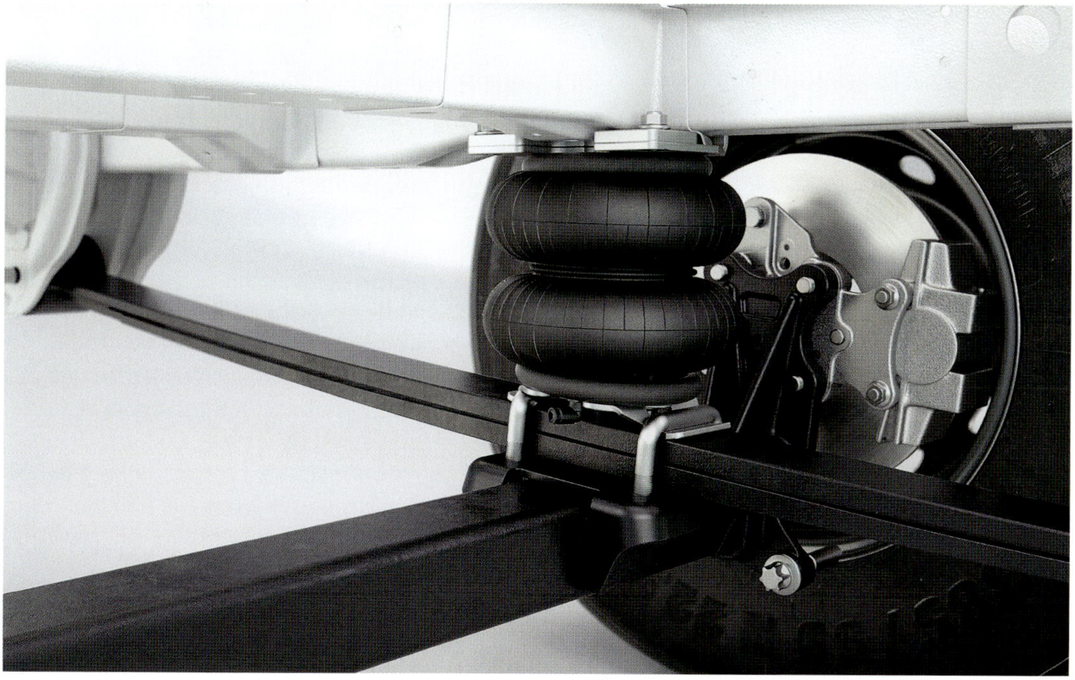

Zusatz-Luftfeder: Nach der Auflastung wird das Wohnmobil komfortabler fahren als vorher. Und der Kontostand deutlich kleiner sein.

arbeiten – aber irgendwo hört's ja auch mal auf. Immerhin hilft es für die Fahrt, wenn das Bier erst am Zielort eingekauft wird. Dort kann dann auch der Wasservorrat aufgefüllt werden.

DARF'S ETWAS MEHR SEIN?

Wer sich partout von keinem seiner Ausrüstungsgegenstände trennen kann oder das Rechnen leid ist, dem bleibt als einzige legale Möglichkeit das sogenannte »Auflasten« des Wohnmobils – den Besitz der Fahrerlaubnis C1 vorausgesetzt, wenn es über 3500 Kilogramm gehen soll. Durch die Auflastung erhöht sich der Wert für die technisch zulässige Gesamtmasse, wodurch auch die erlaubte Zuladung steigt. Technisch funktioniert dies durch Modifikationen an der Federung, die – je nach Modell, gewünschter Höhe der Auflastung und Füllgrad des Geldbeutels – von der Verstärkung der Serien-Federung bis hin zum Komplettaustausch gegen ein komfortables Luftfeder-Fahrwerk reichen. Auch kann der Austausch der Felgen gegen tragfähigere Exemplare nötig werden.

Der Vorteil: Das Gewicht der Ausrüstung spielt jetzt keine Rolle mehr, und der bemitleidenswerte Kastenwagen, der bisher womöglich immer am Limit bewegt wurde, hat jetzt Reserven. Der Nachteil: Vorher war es ein Kleintransporter; ein Fahrzeug mit einem zulässigen Gesamtgewicht über 3,5 Tonnen gilt aber als Lastkraftwagen. Fortan gilt also auf deutschen Autobahnen 100 km/h als zulässige Höchstgeschwindigkeit, auf Landstraßen 80 km/h. Das Schild »Überholverbot für Lkw« darf nun nicht mehr ignoriert werden, ebenso das Schild »Einfahrverbot für Lkw« oder die geforderte Einhaltung eines Mindestabstands. Mit einem aufgelasteten Fahrzeug können außerdem die Kosten für die Benutzung von gebührenpflichtigen Straßen und Fähren höher sein. Die erste Hauptuntersuchung ist statt wie bei einem Pkw nach 36 Monaten bei einem Lkw schon nach 24 Monaten fällig. Zudem muss der aufgelastete Kastenwagen

Plötzlich Trucker: Nach einer Auflastung auf über 3,5 Tonnen darf man das Überholverbot, das Einfahrverbot oder den Mindestabstand für Lkw nicht mehr ignorieren.

ab dem siebten Zulassungsjahr jedes Jahr statt alle zwei Jahre zur Hauptuntersuchung. Die einzigen Ausnahmen gegenüber schweren Lkw: Das Fahrverbot an Sonn- und Feiertagen gilt nicht, es ist kein Fahrtenschreiber vorgeschrieben, und in Deutschland gilt die Lkw-Maut erst für Fahrzeuge über 7,5 Tonnen.

Bußgeldkatalog: Überschreitung der zulässigen Höchstgeschwindigkeit außerorts für Fahrzeuge über 3,5 Tonnen			
Geschwindigkeitsüberschreitung außerorts	**Bußgeld (Euro)**	**Punkte**	**Fahrverbot**
bis 10 km/h	30		
11 bis 15 km/h	50		
16 bis 20 km/h	70		
21 bis 25 km/h	115	1	
26 bis 30 km/h	180	1	1 Monat*
31 bis 40 km/h	260	2	1 Monat
41 bis 50 km/h	400	2	1 Monat
51 bis 60 km/h	560	2	2 Monate
61 bis 70 km/h	700	2	2 Monate
über 70 km/h	800	2	3 Monate

*Bei »Wiederholungstätern« innerhalb eines Jahres

Stand: 2022

LIGHT ODER HEAVY?

Kastenwagen mit einer Länge von sechs Metern sind überwiegend mit einer technisch zulässigen Gesamtmasse von 3300 Kilogramm zugelassen, die langen Varianten mit 3500 Kilogramm. In den Katalogen stößt man beim Fiat Ducato, Citroën Jumper und Peugeot Boxer in der 3,5-Tonnen-Ausführung dann häufig auf solch mysteriöse Begriffe wie »3,5-t-Light« und »3,5-t-Heavy«. Was bedeutet das? Das Heavy- oder Maxi-Fahrwerk hat gegenüber der Light-Variante verstärkte Achsen mit höherer Tragfähigkeit, eine leistungsfähigere Bremsanlage sowie serienmäßig 16-Zoll-Räder. Die Light-Variante (oft auch als 35L bezeichnet) lässt sich mit technischen Umrüstungen bis 4,0 Tonnen auflasten, die Heavy-Ausführung (35H) bis 4,25 Tonnen.

Während für maximale Auflastung der Light-Ausführung Änderungen an den Federelementen von Vorder- und Hinterachse nötig sind, reichen beim Maxi-Fahrwerk dafür Eingriffe nur an der Hinterachse.

Damit übrigens die Felgen von Light- und Heavy-Fahrwerk nicht miteinander vertauscht werden können, sind die Lochkreise für die Radschrauben unterschiedlich. So ist es also ausgeschlossen, dass aus Versehen eine Felge mit zu geringer Tragfähigkeit montiert werden kann.

Unterschiede zwischen Light- und Maxi-Fahrwerk				
	Light		**Maxi**	
zulässige Gesamtmasse (kg)	3300	3500	3500	4000
Achslast vorn (kg)	1750	1850	2100	2100
Achslast hinten (kg)	1900	2000	2400	2400
Bereifung	215/70 R 15	215/70 R 15	215/75 R 16	225/75 R 16
Bremsscheiben vorn (Durchmesser x Stärke in mm)	280 x 28	280 x 28	300 x 32	300 x 32
Bremsscheiben hinten (Durchmesser x Stärke in mm)	280 x 16	280 x 16	280 x 16	300 x 22
Mehrgewicht zu 33L (kg)	0	0	40	85

KASTENWAGEN MIETEN

Die Anschaffung eines Wohnmobils ist eine große Investition. Aber ist ein Kastenwagen überhaupt das Richtige für einen Wohnmobil-Urlaub? Und wird das angepeilte Wunschmobil die Familie wirklich wunschlos glücklich machen? Um das herauszufinden, gibt es zwei Möglichkeiten: Man kauft einfach einen Camper Van und wird dann schon sehen. Oder man mietet sich erst einmal probeweise einen für einen Urlaub.

Vielleicht bleibt man ja sogar dauerhaft beim Mietmodell. Viele Besitzer eines Wohnmobils schätzen zwar die Spontanität, jederzeit mit dem fertig vor der Haustür stehenden Gefährt losfahren zu können. Aber ganz emotionslos betrachtet: Neben der hohen Anfangsinvestition addieren sich die jährlichen Kosten allein nur für den Besitz eines Wohnmobils schon auf ein stattliches Sümmchen. Wertverlust, Versicherung, Steuer, Inspektion, TÜV, Gasprüfung, eventuell eine anzumietende Unterbringung – da kommt auch ohne Sprit und Verschleißteile schon ordentlich was zusammen.

All das schert den Mieter eines Wohnmobils nicht, denn er zahlt nur für die Tage, an denen er das Wohnmobil wirklich nutzt. Kein finanzieller und zeitlicher Aufwand für Wartung und Pflege, kein sorgenvoller Blick zum Himmel, ob Hagel droht, keine Unterbringung des Fahrzeugs für die Zeit der Nichtnutzung.

Drum prüfe, wer sich lange bindet: Vor dem Kauf eines Camper Vans kann ein Probeurlaub in einem gemieteten Fahrzeug Klarheit bringen. Ist es auch wirklich allen nicht zu eng?

GEWERBLICHER ODER PRIVATER VERMIETER?

Unter den Vermietern kann man sich aussuchen, ob man bei einem gewerblichen Anbieter oder von privat über eine Sharing-Plattform wie beispielsweise PaulCamper, Yescapa oder Campanda mietet. Beide haben ihre Vor- und Nachteile: Die Tages-Mietpreise sind bei gewerblichen Anbietern meist höher, dafür sind deren Fahrzeuge auch neuer; die Wohnmobile von privat haben oft schon ein paar Jahre auf dem Buckel und können etwas abgewohnter sein. Private Fahrzeuge sind meist bis auf Bettwäsche und Handtücher voll ausgestattet, während man bei gewerblichen Vermietern für die Ausleihe von Campingmöbeln oder ähnlichem meist extra zahlen muss. Gewerbliche Anbieter können im Fall einer Panne oder eines Unfalls unter Umständen ein Ersatzfahrzeug zur Verfügung stellen, private Anbieter können das nicht. Bei gewerblichen Vermietern, die auch Wohnmobile verkaufen, kann der Mietpreis auf einen späteren Verkaufspreis angerechnet werden, was bei privaten Vermietern eher unwahrscheinlich ist. Bei einem privaten Vermieter hat man meist mehr Möglichkeiten, Ort und Zeitpunkt der Über- und Rückgabe auszuhandeln, und oft steht er wegen seines innigeren Verhältnisses zu seinem Fahrzeug auch während der Ausleihe für Fragen telefonisch zur Verfügung.

Die Tagesmiete beträgt je nach Region, Modell und Jahreszeit zwischen 70 und 140 Euro – was sich also für drei Wochen in der Hauptsaison auf 3000 Euro Fahrzeugmiete summieren kann. Dazu kommen noch die Kosten für Sprit und für Stell- oder Campingplätze – gegessen und getrunken hat man dann immer noch nichts. Nein, billig ist ein Urlaub mit einem Wohnmobil nicht.

Im Mietpreis enthalten ist meist eine Vollkaskoversicherung mit einer Selbstbeteiligung von 1500 Euro. Anfänger sollten über eine Reduzierung der Selbstbeteiligung auf zum Beispiel 250 Euro nachdenken. Das kostet zwar einige Euro Aufpreis pro Tag, kann sich aber wegen der ungewohnten Fahrzeugabmessungen im Fall der Fälle schnell lohnen.

Bei der Übergabe sollte der Mieter das Fahrzeug, das er übernehmen wird, penibel unter die Lupe nehmen. Sonst kann es passieren, dass der Vermieter einen bereits schon bei der Übergabe bestehenden Mangel bei der Rückgabe beanstandet und den letzten Mieter dafür verantwortlich macht. Ein gemeinsam ausgefülltes ausführliches Übergabeprotokoll kann solche Unstimmigkeiten vermeiden. Auch kann man jede Delle und jeden Kratzer im Blech mit einem Kleberchen markieren und anschließend einen Rundgang um das Wohnmobil mit dem Handy filmen.

Vor der Rückgabe sollte man das Wohnmobil penibel reinigen. Besonders wichtig: Toiletten-Kassette leeren. Einige Vermieter berechnen nämlich ansonsten ein saftiges Service-Entgelt.

VOR DER ALLERERSTEN FAHRT

Vor Fahrtantritt mit einem Wohnmobil ist es deutlich lohnenswerter als bei einem Pkw, sich mit den technischen Daten zu beschäftigen. Besonders die ungewohnte Höhe verdient Aufmerksamkeit, damit man nicht gleich bei der ersten Fahrt durch eine zu niedrige Unterführung sein Urlaubsgefährt skalpiert. Die Navigationsgeräte in Wohnmobilen bieten häufig die Möglichkeit, die Dimensionen des Fahrzeugs zu speichern. Danach werden nur noch Routen präsentiert, die sich mit der Fahrzeughöhe bewältigen lassen. Und wenn man schon einmal vor dem Gerät sitzt, kann man auch gleich sein Handy für die Freisprechanlage koppeln.

Doch nicht nur die Fahrzeughöhe spielt eine Rolle. Als Beispiel: Die Karosseriebreite eines Fiat Ducato beträgt unabhängig von Länge und Höhe 2050 Millimeter. Die zulässige Fahrzeugbreite, die das Schild vor einer Autobahn-Baustelle für die linke Spur anzeigt, meint aber die Fahrzeugbreite inklusive Spiegel – und die beträgt beim Ducato 2508 Millimeter. Bei den oft angezeigten maximal 2,50 Metern heißt es also laut Vorschrift: auf der rechten Spur bleiben und nicht überholen.

Da man vor der Reise höchstwahrscheinlich Wasser tanken wird, muss man sich ohnehin mit diesem Vorgang beschäftigen. Es ist aber auch sinnvoll, sich vor der Fahrt gedanklich schon einmal mit dem Gegenteil zu befassen: dem Ablassen des Wassers. Also: Wo sitzen die Ablassöffnungen von Boiler, Frisch- und Grauwasser, und wie werden Sie geöffnet? Das erspart später Stress an der ersten Entsorgungsstation.

Auch mit der Gasversorgung sollte man sich vorab befassen: Wie funktioniert die Umschaltung zwischen Haupt- und Reserveflasche? Wo sitzen die Absperrhähne im Innenraum und welcher ist für welchen Kreis zuständig? Unbedingt ausprobieren sollte man die Funktion von Boiler, Heizung und Herd. Es ist besser, schon vor der Fahrt festzustellen, dass die Heizung

statt Wärme nur eine Fehlermeldung im Display erzeugt, als mit dieser Tatsache in einer frostigen Nacht konfrontiert zu werden. Wer ganz auf Nummer sicher gehen möchte, sucht noch vor Antritt der ersten großen Fahrt im Internet nach »Fehlermeldung« zusammen mit dem eingebauten Heizungstyp und notiert sich die wichtigsten und häufigsten Tipps. Schließlich hat man auch heutzutage nicht überall Zugang zum Internet.

Ebenfalls zahlt es auf das Sicherheitskonto ein, sich darauf zu verständigen, dass der Beifahrer (zumindest in der ersten Zeit) zum Rückwärtsfahren aussteigt – und sei es für ein noch so kurzes Stück. Der Beifahrer positioniert sich dann für den Fahrer sichtbar und peilt die Lage hinter dem Fahrzeug. Der umsichtige Fahrer (oder Alleinreisende) dagegen beherzigt den gleichen Spruch wie ein Hobby-Kapitän: »kleine Fahrt – kleiner Schaden.«

Ungewohnt groß: Es lohnt, sich schon vor der ersten Fahrt die ungewohnt üppigen Abmessungen einzuprägen. Straßen können mit einem Wohnmobil auf einmal sehr eng, Unterführungen auf einmal sehr niedrig sein.

VERKEHRSSCHILDER FÜR WOHNMOBILE

Wo darf man in Deutschland mit seinem Wohnmobil eigentlich parken, um dort zu übernachten? In Paragraph 12 der deutschen Straßenverkehrsordnung findet man dazu zunächst den folgenden Satz in schönstem Verwaltungsdeutsch: »Das Parken ist unzulässig, wenn es die Benutzung gekennzeichneter Parkflächen verhindert.« Oha. Ins Verständliche übersetzt lautet die erste Erkenntnis: Halten und Parken ist überall da erlaubt, wo es nicht ausdrücklich durch eine klar erkennbare Beschilderung verboten ist. Und was war noch einmal der Unterschied zwischen Halten und Parken? Wieder die StVO: »Wer sein Fahrzeug verlässt oder länger als drei Minuten hält, der parkt.« Geht doch, klarer kann man es nicht ausdrücken.

Auch das einmalige Übernachten ist grundsätzlich zulässig, wenn es der Wiederherstellung der körperlichen Fahrtüchtigkeit für die Weiterfahrt dient (beispielsweise nach einer achtstündigen Fahrt) – und an der Stelle eben nicht gerade verboten ist.

Dauerndes Wohnen an ein und derselben Stelle im öffentlichen Verkehrsraum dagegen ist kein erlaubter »Gemeingebrauch« mehr, wie es die Juristen nennen, sondern eine genehmigungspflichtige Sondernutzung, da der Parkplatz dann nicht mehr vorwiegend zu Verkehrs-, sondern zu Wohnzwecken genutzt wird. Wer für die Sondernutzung keine Genehmigung hat, handelt verboten.

Aber auch wenn Tisch und Stühle aufgestellt werden, der Grill angeheizt, die Markise herausgefahren oder gar ein Vorzelt aufgestellt wird, ist das das in Deutschland kein Parken mehr, sondern die Sondernutzung »Campen«.

Als Übernachtungsmöglichkeit im öffentlichen Verkehrsraum kommen Parkplätze infrage, die durch rechteckige Schilder mit einem weißen P auf blauem Grund angezeigt werden. Steht dieses Schild allein, gibt es keine Einschränkungen zur Nutzung.

Interessant wird es, wenn sich unter dem blauen P-Schild weiße Zusatzschilder befinden. Ist dort zum Beispiel symbolisch ein Pkw dargestellt, egal ob mit ohne das Wörtchen »nur«, dürfen auf diesem Parkplatz nur Pkw parken.

Wer jetzt glaubt, dass sein Wohnmobil, das eine zulässige Gesamtmasse von unter 3,5 Tonnen hat, damit auch ein Pkw ist, sollte einen Blick in seine Zulassungsbescheinigung werfen. Dort steht unter Ziffer 5, Bezeichnung der Fahrzeugklasse und des Aufbaus: »Wohnmobil«. Ein Wohnmobil ist aber kein Pkw – und darf damit auf diesem Parkplatz nicht parken.

Andererseits: Befindet sich ein weißes Schild mit Wohnmobilsymbol unter dem P-Schild, dürfen dort auch nur Wohnmobile parken. Dann müssen Pkw draußen bleiben – was auch nicht alle Autofahrer wissen.

Der obige Text entstand mit freundlicher fachlicher Unterstützung von Rechtsanwalt Ulrich Dähn aus 36251 Bad Hersfeld, www.wohnmobilrecht.de«.

QUIZ: WAS BEDEUTEN DIESE SCHILDER?

1

a: *Egal, was es bedeutet: Es betrifft nur Alkovenmobile.*

b: *Das ist ein einfaches Rätsel: Die Lösung lautet 13 h.*

c: *Halten für Wohnmobile verboten: Zwischen 20 Uhr abends und 7 Uhr morgens darf weder links noch rechts vom Schild ein Wohnmobil halten. Noch nicht einmal kurz.*

2

a: *Auch nicht schwer: 16 h.*

b: *Eingeschränktes Halteverbot für Wohnmobile: Zwischen 22 Uhr abends und 6 Uhr morgens dürfen Wohnmobile hier höchstens drei Minuten halten. Also nur für Sekundenschläfer geeignet.*

c: *Ungültig: Das Schild für ein eingeschränktes Halteverbot muss einen leuchtend roten Rand haben.*

3

a: *Konsequent: Wer kein Wohnmobil hat, darf hier nicht campen.*

b: *Camping-Verhalten verboten: Wohnmobile dürfen hier über Nacht gegen Gebühr stehen. Allerdings müssen Markise, Grill und und Camping-Mobiliar eingepackt bleiben – auch tagsüber.*

c: *Ein Bild sagt mehr als tausend Worte: Wohnmobile verboten.*

4

a: *Parkplatz ausschließlich für Pkw: Wohnmobile sind aber keine Pkw, daher dürfen Sie hier nicht parken.*

b: *Freibrief: Hier darf jedes beliebige Fahrzeug bis 3,5 Tonnen parken.*

c: *Vorgegebene Parkrichtung: Fahrzeugfront immer nach links ausrichten.*

5

a: *Einfahrverbot für Motorräder und Pkw: Da Wohnmobile weder Motorräder noch Pkw sind, darf man hier reinfahren.*

b: *Einfahrverbot für Kraftfahrzeuge aller Art, ausgenommen landwirtschaftliche Fahrzeuge – aöso auch für Wohnmobile verboten.*

c: *Einfahrt für Landwirte erlaubt: Wer zu Hause einen Bauernhof hat, darf hier mit seinem Wohnmobil rein.*

6

a: *Einfahrverbot für Fahrzeuge über 3,5 Tonnen. Zusatzschild bedeutet : "Ein Wohnmobil macht frei".*

b: *Einfahrverbot für Fahrzeuge über 3,5 Tonnnen. Wohnmobile dürfen aber rein – auch wenn sie aufgelastet sind.*

c: *Einfahrverbot für Fahrzeuge über 3,5 Tonnnen. Wohnmobile gibt's hier gratis, und der Fahrradmarkt boomt.*

Lösungen: 1c 2b 3b 4a 5b 6b

WAS MUSS MIT?

»Vorfreude ist die schönste Freude«, sagt man. Das mag für die Vorfreude aufs Verreisen gelten, doch das vorher nötige Bepacken des Wohnmobils ist nicht jedermanns Lieblingsbeschäftigung. Denn man kann sich tatsächlich nicht nur viel freuen, sondern auch viel vergessen. Um dies zu verhindern, hilft eine Checkliste zum Packen ungemein. Eine praxisgerechte Anregung findet sich auf den nächsten Seiten.

Nicht alles, was in der Checkliste aufgeführt ist, muss man auch mitnehmen. So ist ein Feuerlöscher zwar ein durchaus sinnvoller Ausrüstungsgegenstand, eine Pflicht zum Mitführen gibt es aber beispielsweise nur im Baltikum, in Belgien, Dänemark, Griechenland, Polen, Rumänien, Russland, Schweden und der Türkei. Eine Warntafel für die am Heck befestigten Fahrräder (übrigens auch für den leeren Fahrradträger) ist in Italien und eine etwas andere (es gibt beidseitig bedruckte Varianten im Handel) in Spanien und Portugal Pflicht. Ein Ersatzset für Lampen, die man selbst austauschen kann, ist in Osteuropa vorgeschrieben, ein Abschleppseil in Bosnien-Herzegowina, Mazedonien und Serbien. Wenn kein Ersatzrad an Bord ist, muss man unter anderem in der Slowakei, in Serbien, Spanien, Tschechien und Ungarn ein Reifenreparaturset dabeihaben. Da sich diese Regeln ständig ändern können, sollte man sich lange genug vor der Abfahrt über die aktuellen Vorschriften im Reiseland informieren.

Nicht aufgeführt in dieser Liste ist jegliche Art von Bekleidung, da sie sowohl vom Klima des Reiseziels als auch vom persönlichen Geschmack abhängt. Vergessen sollte man auch sie allerdings nicht.

Wer oft verreist, kann in Erwägung ziehen, sich einen zweiten Satz Klamotten speziell für das Wohnmobil zuzulegen, der dann einfach dort verbleibt. Das erspart solche sich ewig wiederholende Gedanken wie: »Habe ich auch wirklich einen Schlafanzug eingepackt?«

BESSER WISSEN

RICHTIG PACKEN

Schwere Gegenstände gehören nach unten, leichte nach oben. Für Ordnung und eine gewisse Organisation im Gepäckraum eignen sich verschiedenfarbige Kunststoffboxen, die idealerweise einen transparenten Deckel für den schnellen Einblick in den Inhalt haben.

Auch leichte Gegenstände sollten nicht einfach lose auf irgendwelchen Flächen herumliegen – wenn die bei einer starken Bremsung herunterfallen, ist ein Schreck noch das harmloseste, was passieren kann. Alles, was scheppern, klirren oder klappern kann, wird zur Schonung der Nerven der Besatzung vibrationsfrei umhüllt oder verpackt.

Warnweste, Warndreieck, Verbandskasten und Feuerlöscher sollten nicht tief im Gepäckraum vergraben werden, sondern schnell zur Hand sein. Das gilt übrigens auch für den Betätigungshebel des Grauwasserventils.

CHECKLISTE ZUM PACKEN

FÜR DAS AUTO UND DIE BESATZUNG

- [ ] Führerscheine
- [ ] Fahrzeugpapiere
- [ ] Grüne Versicherungskarte
- [ ] Ersatzschlüssel
- [ ] Verbandskasten
- [ ] Warnwesten (so viele wie Passagiere)
- [ ] Warndreieck (für die Türkei gleich zwei)
- [ ] Feuerlöscher
- [ ] Warntafel für den Fahrradträger (wo es vorgeschrieben ist)
- [ ] Auffahrkeile
- [ ] Mini-Wasserwaage (oder App fürs Smartphone)
- [ ] Ersatz-Kfz-Flachsicherungen
- [ ] Ersatzlampenset
- [ ] Abschleppseil
- [ ] Reifenreparaturset
- [ ] Warnblinkleuchte (in Deutschland ab 3,5 Tonnen Pflicht)
- [ ] Handfeger und Kehrblech
- [ ] AdBlue
- [ ] Reiseführer
- [ ] Campingführer
- [ ] Straßenkarten (sinnvoll trotz Navi)
- [ ] Bedienungsanleitungen für alle Einbaugeräte
- [ ] Sonnenbrille (ggfs. Ersatzbrille)
- [ ] Brillenputztuch

FÜR DRAUSSEN

- [ ] Abspannleinen für die Markise
- [ ] ggfs. Sonnen- oder Sichtschutz
- [ ] (Schraub-)Heringe
- [ ] Tisch
- [ ] Stühle
- [ ] Kuscheldecke
- [ ] Picknickdecke
- [ ] Kerzen
- [ ] Wäscheleine
- [ ] Wäscheklammern
- [ ] Handwaschmittel
- [ ] (faltbare) Schüssel zum Abwaschen oder für Handwäsche

WERKZEUG:

- [ ] Kunststoffhammer
- [ ] Wasserpumpenzange
- [ ] Gripzange (als Schraubstock)

- [ ] Taschenmesser
- [ ] Kombi-Schraubendreher
- [ ] Knarrenset ¼«
- [ ] Seitenschneider
- [ ] Teleskop-Radmutternschlüssel (nur bei Ersatzrad)
- [ ] Taschenlampe, Stirnlampe
- [ ] Klappspaten
- [ ] Campingbeil
- [ ] Panzertape
- [ ] Draht
- [ ] Kabelbinder
- [ ] Universalöl

ELEKTROABTEILUNG

- [ ] Verlängerungskabel mit blauen CEE-Steckern
- [ ] Strom-Anschlusskabel mit CEE-Stecksystem für Fahrzeug und Stromsäule
- [ ] Ladekabel für Handy, Tablet, Fotoapparat, Videokamera, Drohne oder was sonst noch so mit auf die Reise geht

GASANSCHLUSS

- [ ] Adapter für das Urlaubsland

WASSERVERSORGUNG

- [ ] Wasserschlauch (ggf. lebensmittelecht)
- [ ] Gießkanne

KÜCHENEINRICHTUNG

- [ ] Kaffeezubereitung
- [ ] Töpfe
- [ ] Pfanne
- [ ] Messbecher
- [ ] Teller
- [ ] Tassen
- [ ] Gläser
- [ ] Besteck
- [ ] Gewürze
- [ ] Schneidbrett
- [ ] Brotmesser
- [ ] Küchenmesser
- [ ] evtl. Messerschleifer
- [ ] Schere
- [ ] Schöpfkelle
- [ ] Holzlöffel
- [ ] Käsehobel
- [ ] Käsereibe
- [ ] Dosenöffner
- [ ] Flaschenöffner
- [ ] Korkenzieher

- [ ] Spülmittel
- [ ] Spüllappen
- [ ] Geschirrtücher
- [ ] Küchenrolle
- [ ] Gefrierbeutel
- [ ] Müllbeutel
- [ ] Tupperdosen
- [ ] Haushaltsgummis
- [ ] Kühlakkus

BADEINRICHTUNG

- [ ] Handtücher groß und klein
- [ ] Zahnbürsten
- [ ] Zahnpasta
- [ ] Duschgel
- [ ] Shampoo
- [ ] Kamm / Bürste
- [ ] Föhn
- [ ] Sonnenschutz
- [ ] After Sun

TOILETTENZUBEHÖR

- [ ] ggf. Sanitärzusatz
- [ ] Pflegespray für Schieberdichtung
- [ ] Toilettenpapier
- [ ] Toilettenbürste

REISEAPOTHEKE:

- [ ] Schmerzmittel (zum Beispiel Ibuprofen, auch gegen Fieber und Entzündungen oder Globuli Bella Donna oder Arnika in D6 oder D12)
- [ ] Sportsalbe für Prellungen, Zerrungen und Verstauchungen
- [ ] Mittel gegen Durchfall (oder getrocknete Heidelbeeren)
- [ ] Mückenstift / Bite away
- [ ] Globuli Apis C30 bei Bienen- oder Wespenstichen (hilft bei unserem Hund)
- [ ] Salbeitee in Beuteln (zum Gurgeln bei Halsweh oder wunder Mundschleimhaut)
- [ ] Wund-Desinfektionsmittel
- [ ] Pflaster in verschiedenen Größen
- [ ] Kleine Wundkompressen
- [ ] Mullbinden
- [ ] Elastische Binden oder Tape
- [ ] Gelpflaster gegen Blasen an den Füßen in verschiedenen Größen
- [ ] Einmal-Handschuhe
- [ ] Fieberthermometer
- [ ] Zeckenkarte und wasserfester Stift zur Markierung der Stichstelle
- [ ] Pinzette

PRAKTISCHE HELFERLEIN FÜR UNTERWEGS

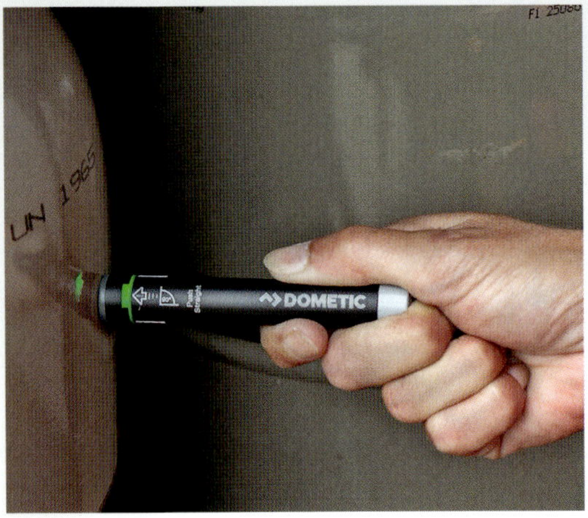

Pegelmesser: Ist noch Gas in der Flasche – und wenn ja, wieviel? Ein Füllstandsmesser kann eine ungefähre Auskunft geben.

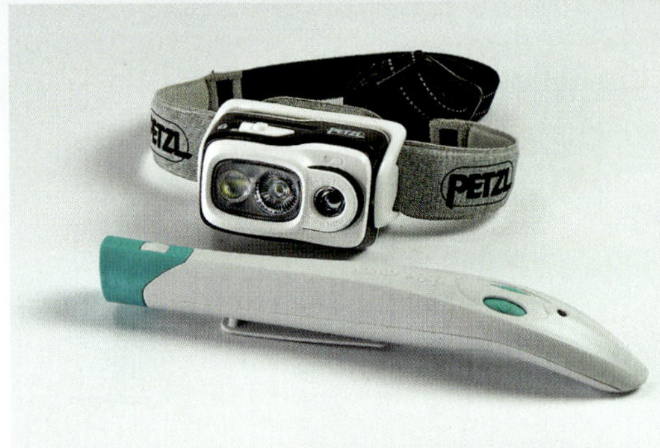

Kompakte Technik gegen Jucken und Dunkelheit: Vorn Thermo-Stichheiler, der mit kurzer Hitze den Juckreiz hemmt. Hinten Stirnlampe mit unglaublicher Reichweite, akkubetrieben, drei Lichtstufen, mit automatischer Abblendfunktion beim Anleuchten heller Flächen.

Für alle Fälle: Kabelbinder in verschiedenen Größen, Ballistol (1904 entwickelt, schmiert, pflegt, kriecht, schützt, reinigt, desinfiziert, löst Rost und Harze), Set Flachsicherungen für den Elektroblock und fürs Auto, Draht ("Weißt Du keinen Rat, nimm Draht") und Tape (je teurer, desto kleber).

1 *Kann nicht schaden: Wer zum Beispiel ein festgefahrenes Rad ausbaggern muss oder ein kokelndes Lagerfeuer mit Erde löschen möchte, wird sich über die Anwesenheit eines Klappspatens an Bord freuen. Lässt sich auch als Hacke benutzen.*

2 *Schonhammer: Der weiße Schlageinsatz ist hart und verschleißfest. Der rote ist etwas weicher, außerdem öl- und fettbeständig. So ein Kunststoffhammer geht schonender mit den Materialien um als ein Hammer mit einem Kopf aus Stahl und eignet sich prima auch zum Einschlagen von Heringen.*

3 *Knarre in der Tasche: Praktisches, kompaktes und robustes Sortiment mit umschaltbarer Knarre (lässt sich wie gewohnt als Hebel, aber auch als Schraubendreher benutzen). Der Vierkant des Antriebs misst 1/4-Zoll (6,3 mm). Nussgrößen 5 bis 13 mm, 15 Bits. Mit 700 Gramm ein Camping-Leichtgewicht.*

4 *Kurz und knapp: Die 23 cm Länge dieses Freizeitbeils reichen zum Anspitzen von Ästen oder Bearbeiten dünnerer Stämme - ideal für unterwegs also. Zum Fällen von Bäumen ist diese Axt aber eindeutig zu kurz.*

5 *Zange und Schraubenschlüssel in einem: Ersatz für zahlreiche Maulschlüssel, die Schlüsselweiten sind bei dieser 150 mm langen Variante zwischen 5 und 27 mm in 14 Positionen einstellbar. Da die Backen der Zange glatt sind, ist dieses Werkzeug auch sehr gut zur schonenden Montage von Armaturen geeignet.*

6 *Klassiker: Ohne eine Kombizange sollte man nicht verreisen. Wer billig kauft, kauft erfahrungsgemäß zweimal, denn besonders die Schneiden zum Draht abzwicken halten bei billigen Exemplaren nicht lange. Eine Länge von 180 bis 190 mm ist für unterwegs gut geeignet.*

7 *Multitalent: Eine Wasserpumpenzange darf an Bord nicht fehlen. Halten, drehen, biegen - kann sie alles. Gut, wenn sie wie diese an Muttern und Rohren selbstklemmend ist und zudem durch einen Klemmschutz Quetschverletzungen an der Hand verhindert. Eine Länge von 250 mm ist für unterwegs optimal.*

8 *Alles im Griff: In diesem dicken, aber trotzdem gut in der Hand liegenden Schraubendreher verbergen sich 26 Bits. Die gängigsten Größen von Kreuz (PH und PZ)-, Schlitz-, Innensechskant- und Torx-Schrauben sind dabei, sogar Vierkante und einige Zollgrößen.*

SICHERHEIT IM CAMPER VAN

Naturgemäß gibt es ängstliche und weniger ängstliche Gemüter. Dieses Kapitel wendet sich an die eher sicherheitsbewussten Zeitgenossen. Bevor man aber anfängt, seinen Kastenwagen an allen Ecken und Enden mit Einbruchsicherungen zu verrammeln, kann man einige Risiken allein durch sein Verhalten minimieren. Dazu zählt, sein Wohnmobil auch für nur kurze Abwesenheiten immer abzuschließen. Durch die Scheiben sollten keine Wertgegenstände sichtbar sein. Ein geöffnetes Handschuhfach signalisiert: »Wir haben mit Euch gerechnet, hier gibt es nichts zu holen.« Auch sollte man keine Schlüssel am Fahrzeug verstecken – so viele Möglichkeiten gibt es dafür nicht, und die Diebe kennen sie alle.

Für einen nächtlichen Zwischenstopp sollte man nicht auf einer Autobahn-Raststätte übernachten. Es gibt nämlich keinen Ort, von dem kriminelle Geister nach einer Straftat schneller und spurloser verschwinden können als von dort – die hervorragende Autobahnanbindung macht's möglich. Fenster und Türen bleiben nachts geschlossen, belüftet wird nur über die Dachluken.

Kostet nichts: Die Sicherheitsgurte sind gerade lang genug, um das Öffnen der Türen zu verhindern.

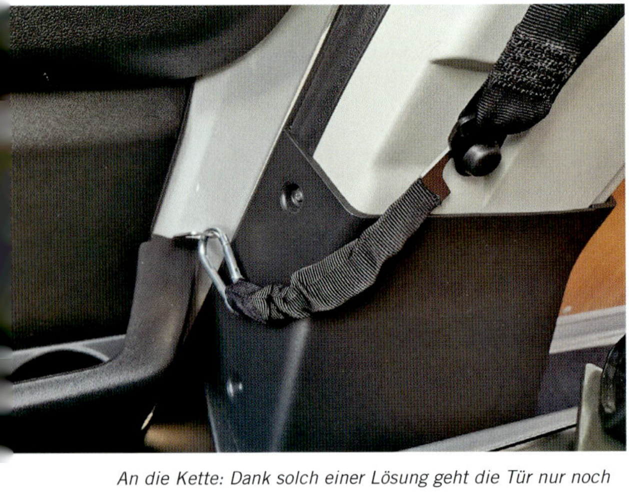

An die Kette: Dank solch einer Lösung geht die Tür nur noch ein winziges Stück auf. Sollte man mit dem Wohnmobil schnell aus einer Gefahrensituation fliehen müssen, ist die Kette nicht (wie der Sicherheitsgurt im Bild oben) im Weg.

Ein Kastenwagen ist kein Tresor und lässt sich auch nicht zu einem solchen umfunktionieren. Doch die Grundsicherheit kann man schon erhöhen. So lässt sich die Zentralverriegelung von Fiat, Citroën und Peugeot in der Fahrertür auch ohne Schlüssel schnell und mit wenig Aufwand entriegeln. Doch ein geöffnetes Schloss muss noch keine offene Tür bedeuten. So kann man einen Spanngurt durch die Armlehnen der beiden Türen ziehen und festzurren. Wer keinen Spanngurt zur Hand hat, kann auch jeweils den Sicherheitsgurt weit ausziehen, durch die Armlehne fädeln und anschließend ins Gurtschloss stecken. Die Länge der Gurte reicht gerade so, um sie noch ins Schloss rasten zu können; dann gehen die Türen nur noch ein winziges Stück weit auf. Die massivste, aber auch umständlichste Sicherung des Fahrerhauses ist eine Lenkradkralle, die beidseits an den Türen befestigt werden kann.

Keine Bewegung: Mit einem Diskusschloss in der Führungschiene lässt sich die Schiebetür nicht mehr öffnen.

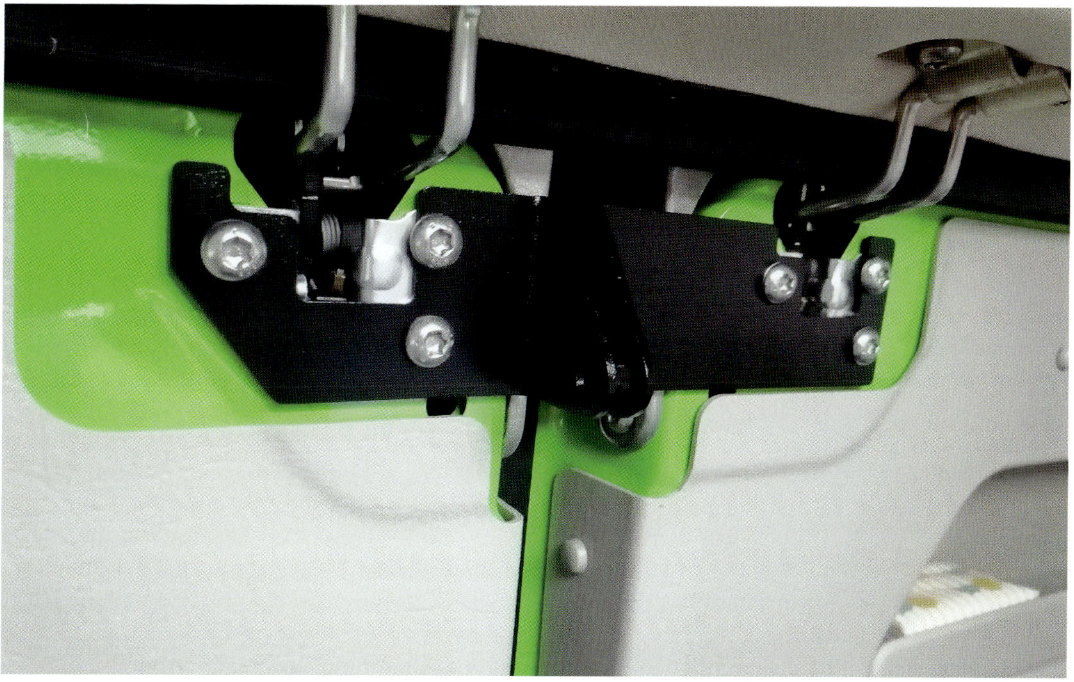

Zusammenhalt: Die beiden Metallwinkel am den Hecktüren können bei Bedarf innen mit einem Splint verbunden werden.

Gegen den Aufriss: Bei aufgesetzten Fenstern wird eine Edelstahlleiste an die Fensterscheibe geklebt …

Diese drei Lösungen haben aber einen Nachteil: Wer im Fall der Fälle schnell die Flucht ergreifen möchte, muss erst das Fahrerhaus freimachen. Wem das nicht behagt, der kann die Türen mit einer käuflichen Lösung an die Kette legen, die dann im Notfall nicht im Weg ist. Oder er kann das Übel gleich an der Wurzel packen und das nachrüsten, was sich der Hersteller gespart hat: einen wirkungsvollen Schutz der Zentralverriegelung der Fahrertür vor dem Zugriff von außen. Die Montage eines solchen massiven Blechs, »Prick-Stop« genannt (to prick heißt stechen), ist allerdings etwas aufwändig, da hierzu die Innenverkleidung der Tür samt allen Anbauteilen entfernt werden muss.

Kriminelle können sich aber auch ohne mechanische Einwirkung Zutritt zum Fahrerhaus verschaffen, indem sie mittels eines Laptops das Funksignal der Schlüssel-Fernbedienung erlauschen (»Replay-Attacke«). Seit kurzem verwenden allerdings auch Fiat & Co. eine Technik, bei der der Schlüssel bei jedem Vorgang das Signal wechselt und so das kopierte Signal nichts mehr wert ist.

Auch die Hecktüren bedürfen einer Sicherung, da diese ebenfalls über die Zentralverriegelung geöffnet werden. Zwei einfach zu montierende Metallwinkel, die bei Bedarf mit einem Splint oder einem Bügel von innen miteinander verbunden werden, halten die Türen in jedem Fall zu.

… die sich innen mit einem Winkel an der Fahrzeugwand festkrallen kann. Auch eine Belüftungsstellung ist möglich, und durch eine Rändelschraube ist die Verbindung schnell gelöst.

Zur Sicherung der Schiebetür von innen gibt es einen Trick: Man sorgt einfach mit einem Stück Holz dafür, dass sich die Tür nicht mehr aufschieben lässt. Diese Aufgabe kann ein diagonal gestellter Besenstiel oder ein passend zurecht gesägtes Stück Holz übernehmen. Doch was ist, wenn man die Schiebetür nach dem Verlassen des Fahrzeugs von außen sichern möchte? Dann kann man die Schiebetür mit einem Schloss in der dafür angebohrten Führungsschiene sehr wirkungsvoll in ihrer Bewegungsfreiheit einschränken.

Dass sich Klappfenster mit minimalem Aufwand von außen öffnen lassen (bei aufgesetzten Fenstern geht das mit bloßen Händen, bei Rahmenfenstern braucht man immerhin etwas Werkzeug dafür), ist etwas gruselig. Wer unerwünschten Besuch durch die Fenster deutlich erschweren möchte, muss zu konstruktiven Maßnahmen greifen. Hierzu kann zum Beispiel ein Edelstahlprofil an der Unterseite des Fensters angebracht werden, das sich von innen mit einem Winkel an der robusten Fahrzeugwand festkrallen lässt.

Glücklicherweise haben es die meisten Diebe sehr eilig: In der Regel beträgt das Zeitlimit für einen Einbruch nur wenige Minuten. Kriminelle bevorzugen schnelle und unkomplizierte Gelegenheiten – wenn sie auf Widerstand stoßen, machen sie sich meist schnell wieder davon.

KASTENWAGEN NEU KAUFEN – DER WEG ZUM WUNSCHMOBIL

Rund 50 Hersteller, bemerkenswert viele davon übrigens mit Sitz in Slowenien, buhlen mit weit über 350 Modellen um die Gunst der Käufer von Kastenwagen in Deutschland. Dazu kommen noch die zahlreichen Individualausbauer, die den Kunden ihren persönlichen Kastenwagen auf den Leib schneidern können. Wie soll man bei dieser riesigen Auswahl das geeignete Modell finden?

Eine erste Eingrenzung der Größe ergibt sich über den künftigen Einsatzzweck: Soll der Camper Van als reines Urlaubsmobil oder an den anderen Tagen auch als als Alltagsfahrzeug eingesetzt werden? Im Urlaub wird man jeden zusätzlichen Zentimeter Kastenwagen lieben, im Alltag eher nicht.

Wie ist es um die Körpergröße der reisenden Personen bestellt? Extra lange Menschen brauchen nicht nur extra hohe, sondern wegen der extra langen Betten auch extra lange Kastenwagen.

Wie viele Personen reisen üblicherweise mit? Bei zwei Personen hat man freie Auswahl unter allen Modellen – allerdings gibt es auch Modelle speziell für Pärchen. Bei einer Familie mit zwei Kindern reduziert sich die Auswahl dagegen auf Modelle mit Stockbetten, Bughubbett oder Aufstelldach.

Wie sind die Reisegewohnheiten? Wer ausschließlich auf Campingplätzen übernachtet, braucht sich über hohe Batteriekapazitäten, Solaranlagen und eine geräumige Dusche an Bord keine Gedanken zu machen – Freisteher schon.

Wer auch im Winter campt, braucht mindestens beheizbare Wassertanks und eine kräftige Heizung.

Jetzt weiß man schon ungefähr, wonach man suchen muss. Doch bei welchem der zahlreichen Hersteller soll man anfangen? Jetzt kommt das leidige Geld ins Spiel: Wieviel kann oder möchte man denn ausgeben? Die Spanne der Grundpreise für Kastenwagen ist riesig. Eine große Rolle spielt dabei die Marke des Basisfahrzeugs, denn ein Mercedes-Benz Sprinter oder VW Crafter kostet nun einmal eine ganze Menge mehr als ein Citroën Jumper oder ein Fiat Ducato. Eine erste Orientierung kann die Übersicht im Kapitel »Marken, Individualausbauer und Internetadressen« am Ende dieses Buchs geben. Dann geht es weiter.

PREISVERGLEICH

Zwei auf den ersten Blick ähnliche Fahrzeuge derselben Basis, derselben Größe und desselben Grundrisses können sich im Grundpreis ganz erheblich unterscheiden. Das kann zwei Gründe haben: Entweder ist das billigere Fahrzeug tatsächlich billiger hergestellt. Oder im Grundpreis des teureren Fahrzeugs ist mehr Ausstattung enthalten als in dem des billigeren.

Wie kann man ein Fahrzeug billiger bauen? Indem man an allen Ecken und Enden spart: zum Beispiel bei der Wärmedämmung des Innenraums, bei der Piezozündung des Herds, bei der Qualität der Möbelbeschläge, bei der Größe der Versorgungsbatterie oder bei der Anzahl der Fenster, Dachluken oder Steckdosen. Auch eine möglichst geringe Auswahl bei den Grundrissen und den Farben der Polster und Möbel senkt die Kosten für den Hersteller. Teurer wird's, wenn ab Werk zum Beispiel eine besonders hochwertige Wärmedämmung oder ein Doppelboden zum Einsatz kommt, in den Möbeln die gleichen hochwertigen Beschläge verwendet werden, die man auch von zu Hause kennt oder die Seitenwände kuschelig mit Velours bezogen sind.

Andererseits kann ein hoher Grundpreis aber auch daher rühren, dass Ausstattungen, die bei anderen Herstellern extra bezahlt werden müssen, bereits im Grundpreis enthalten sind. Angefangen vom Fliegengitter in der Schiebetür, der elektrischen Trittstufe, der Fahrerhaus-Verdunkelung, der Markise und Rahmenfenstern reicht das Spektrum der möglichen Serienausstattungen bis hin zur LiFePO4-Batterie samt Solaranlage, beheizbaren Wassertanks, einer Fußbodenheizung, einer Außendusche oder innenbeleuchteten Schränken. Die gute Nachricht immerhin: Vier Räder sind in den Grundpreisen aller Hersteller enthalten.

Auch bei versteckten Kosten gilt es aufzupassen. Einige Hersteller halten für die Frachtkosten, also die Überführung des Fahrzeugs vom Werk zum Händler, für die Gasprüfung oder für die Fahrzeugpapiere noch einmal extra die Hand auf.

Dem Kaufwilligen bleibt also kaum etwas anderes übrig, als Listen zu erstellen, um die Fahrzeugpreise gerecht miteinander vergleichen zu können. Dies herauszuarbeiten, ist jedoch zeitaufwändig und manchmal nur schwer möglich: Während sich die Preislisten für die meisten Fahrzeuge leicht im Internet herunterladen lassen, hüten nämlich einige wenige Hersteller diese Unterlagen wie ein Betriebsgeheimnis.

PAKETVERFOLGUNG

Viele Hersteller sind Anhänger der Paketpolitik. Das heißt: Wer seinen Beifahrer mit einem Airbag schützen möchte, kann den Luftsack nur im Paket mit zum Beispiel vollwertigem Ersatzrad, elektrisch verstellbaren Außenspiegeln, manueller Klimaanlage im Fahrerhaus und einem höhenverstellbaren Beifahrersitz erwerben. Auch wenn er vielleicht gar kein vollwertiges Ersatzrad wollte – Pech gehabt, den Airbag kann man nicht einzeln bestellen.

Für alle Pakete, die teils recht umfangreich sind, gilt: Selbst wenn der Hersteller fett geduckt die Ersparnis beim Kauf des Pakets gegenüber dem Kauf der einzelnen Positionen heraushebt, sollte man sich immer fragen, ob wirklich alle Paketbestandteile auch auf der persönlichen Wunschliste stehen.

KONZENTRIERT KONFIGURIERT

Hat man sein Wunschmobil, einen vertrauenswürdigen Händler dieser Marke und eine Werkstatt für das Basis-Fabrikat nicht allzu weit entfernt gefunden, geht es an die Konfiguration des Wohnmobils. Die Auswahl der möglichen Extras reicht dabei je nach Marke von nur wenigen Optionen bis hin zu etlichen eng bedruckten Seiten. Allgemeingültige Tipps zur Konfiguration á la »Das braucht man, und das braucht man nicht« zu geben, ist unmöglich, da sich die persönlichen Anforderungen viel zu sehr unterscheiden. Nur als Anhaltspunkt kann folgendes dienen.

AUS AUTORENSICHT UNVERZICHTBAR (IST ABER GESCHMACKSSACHE):

- Beifahrer-Airbag (es sei denn, man hat Trennungsabsichten)
- Rahmen- statt aufgesetzte Fenster (sehen schöner aus und erhöhen ein bisschen den Schutz vor Einbruch)
- Markise (die Erweiterung des Wohnraums erzeugt außerdem eine Schattenseite, um Fenster öffnen zu können)
- Moskitonetz am Schiebetür-Ausschnitt
- elektrische Zuziehhilfe (schont nicht nur die Nerven der Nachbarn)
- Fahrerhaus-Verdunkelung
- Naviceiver und Rückfahrkamera (da es keinen Innen-Rückspiegel gibt)
- automatische Umschaltung von einer leeren auf die volle Gasflasche
- Crashsensor für die Gasflaschen (damit müssen die Gasflaschen für die Fahrt nicht zugedreht werden)
- zweite Versorgungsbatterie oder besser LiFePO4-Batterie (für Meider von Campingplätzen)
- Ladebooster (damit die Batterien während der Fahrt auch wirklich geladen werden)
- USB-Anschlüsse, Steckdosen und Licht (kann man wie daheim nie genug haben)
- Fenster oder andere Belüftung im Badezimmer (Duft und Dampf muss ja raus)
- Tischerweiterung (sonst sitzt die Person auf dem umgedrehten Beifahrersitz im Abseits)
- Solaranlage samt Laderegler (für Meider von Campingplätzen)
- Außenwasseranschluss (Duschen, Abwaschen, Reinigen)
- möglichst hohe Zuladung

Übrigens: Wer viel Licht im Schlafzimmer und daher Fenster auch in den Hecktüren bevorzugt, sollte wissen, dass diese sich nach Montage eines Fahrradträgers meist nicht mehr nennenswert öffnen lassen. Außerdem bilden sie Kältebrücken.

NETT, MUSS ABER NICHT:

- elektrische Trittstufe (ein Plastikhocker erfüllt den gleichen Zweck, kostet aber viel weniger, quietscht nicht und reduziert nicht die Bodenfreiheit)
- große Heizung Truma 6 (nur für Frostköttel und eingefleischte Wintercamper)

MUSS JEDER SELBST WISSEN:

- Motorleistung: Die mittelstarke Motorisierung ist oft eine gute Wahl
- Schaltung oder Automatik? Eine optionales Automatikgetriebe, sofern es für das Basisfahrzeug angeboten wird, kostet einige tausend Euro mehr, verringert aufgrund seines höheren Gewichts die mögliche Zuladung – und ist für lange Strecken auf Autobahnen verzichtbar
- Dieselheizung: verbraucht zwar auch Strom, aber Diesel gibt es im Gegensatz zu Gas fast immer und überall. Wegen der unterschiedlichen Gasanschlüsse im Ausland für Globetrotter empfehlenswert

Nicht vergessen: Bei allem Eifer beim Konfigurieren darf man das dadurch erzeugte Zusatzgewicht nicht aus den Augen verlieren.

WAS MAN BEI HÖHERWERTIGEN CAMPER VANS FINDET

Praktische Schublade: Stauraum unter dem Podest maximal genutzt.

Doppelboden Nutzen 2: Schublade an der Außenseite als Tisch und Schuhschrank.

Doppelboden Nutzen 1: viel zusätzlicher Stauraum.

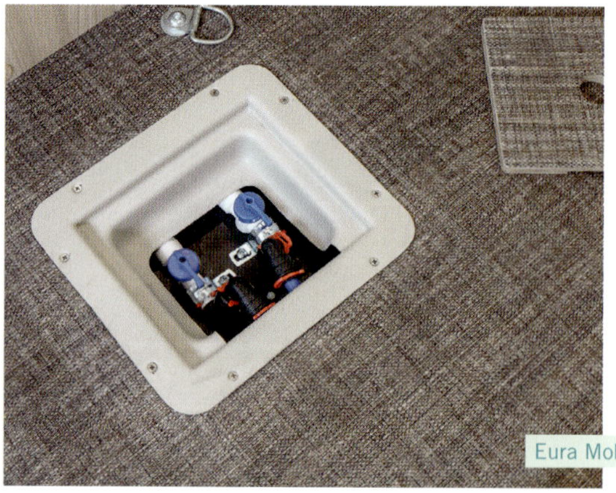

Schneller Zugriff: Leicht zugängliche Wasserablassventile im Innenraumboden.

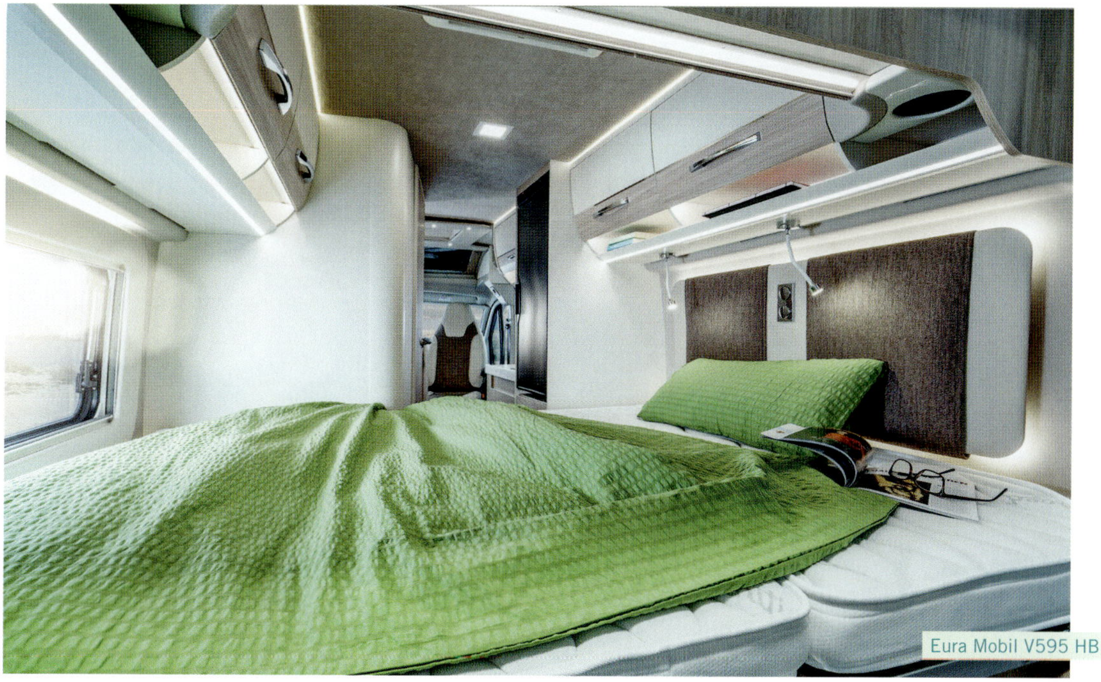

Sehr freundlich: gepolstertes Kopfende.

Edler Möbelbau: grifflose Schubladen.

KASTENWAGEN GEBRAUCHT KAUFEN UND VERKAUFEN

In den meisten Fällen dürfte ein schmales Budget der Hauptgrund für den Kauf eines gebrauchten statt eines neuen Kastenwagens sein – und eher nicht, dass man die Innendekore längst vergangener Zeiten attraktiver als die heutigen findet. Doch wo beginnt man die Suche?

Wenn man das »wo« wörtlich nimmt: in Nordrhein-Westfalen, Bayern oder Baden-Württemberg. Diese Reihenfolge entspricht der Rangliste der bevölkerungsreichsten Bundesländer Deutschlands; entsprechend sind hier auch die meisten gebrauchten Wohnmobile zu finden.

KAUF VOM HÄNDLER ODER VON PRIVAT?

Der Kauf vom Händler hat durchaus einige Vorteile: Oft kann man hier gleich mehrere Modelle auf einen Schlag besichtigen, ohne durch die Gegend fahren zu müssen. Einige Händler bieten die Finanzierung des Kaufpreises an. Vor allem aber ist ein Händler gesetzlich verpflichtet, beim Verkauf an privat für bestehende Sachmängel zwei Jahre lang zu haften – was er aber rechtlich zulässig auf ein Jahr begrenzen kann. Ein vollständiger Ausschluss der Sachmängelhaftung ist dagegen unzulässig.

Ein Betrieb verursacht laufende Kosten, verdienen möchte ein Händler ja auch etwas – somit sind gebrauchte Fahrzeuge vom Händler oft teurer als beim Kauf von privat. Dafür bieten einige Händler eine zusätzlich zu bezahlende Gebrauchtwagengarantie an.

Weist das Fahrzeug nachweislich einen Mangel auf, hat der Käufer das Recht auf Nacherfüllung innerhalb einer gesetzten Frist von beispielsweise 14 Tagen. Nacherfüllung bedeutet in der Regel eine Reparatur des Mangels bei dem entsprechenden Händler. Will oder kann der Händler den Schaden nicht beseitigen, kann der Käufer eine Minderung des Kaufpreises oder gar den Rücktritt vom Kaufvertrag (Auto zurück, Geld zurück) verlangen. Spätestens jetzt wird der Käufer dankbar sein, wenn er eine Rechtsschutzversicherung hat, denn die Streitigkeiten sind teuer. So können die Verfahrenskosten für eine Rückabwicklungsklage um 30.000 Euro schnell die Hälfte des Fahrzeugpreises erreichen.

Wurde dem Käufer ohne sein Wissen nachweislich ein Unfallfahrzeug verkauft, führt eine spätere Nachbesserung nicht zur Mängelfreiheit, denn ein Unfallfahrzeug bleibt ein Unfallfahrzeug. Schließlich bleibt immer ein Mängelverdacht, dass trotz der Instandsetzung des Unfallschadens nicht alle Schäden erkannt und beseitigt wurden. Schon ein Mängelverdacht ist ein Mangel, wenn er begründet ist – bei Unfallschäden ist das fast immer so. In diesem Fall kann der Käufer sofort einen Rücktritt verlangen, wenn nicht nur Bagatellschäden vorlagen.

Auch ein privater Verkäufer haftet grundsätzlich auf die volle Gewährleistung. Im Gegensatz zu einem Händler darf er aber die Sachmängelhaftung vertraglich ausschließen. Davon macht verständlicherweise nahezu jeder private Verkäufer Gebrauch, zumal sich in allen vorgefertigten privaten Kaufverträgen eine ähnliche Klausel wie »Verkauft wird unter dem Ausschluss jeglicher Sachmängelhaftung« findet. Allerdings: Auch ein privater Verkäufer muss haften, falls sich später herausstellen sollte, dass er einen ihm bekannten Mangel verschwiegen hat. Die Juristen sprechen in diesem Fall von »arglistigem Verschweigen«. Ehrlich währt am längsten: Auf wesentliche Mängel – als Beispiel wieder einmal der Unfallschaden – muss der Verkäufer auch ohne ausdrückliches Nachfragen des Käufers hinweisen.

In einigen Musterverträgen erklärt der Verkäufer, dass in der Zeit seines Fahrzeugbesitzes keine Unfall-, Hagel- oder Feuchtigkeitsschäden aufgetreten seien. Erklärt er dies allerdings ohne den Zusatz »soweit bekannt«, haftet er für diese zugesagten Beschaffenheiten – ein Ausschluss der Sachmängelhaftung ist dann nicht mehr gegeben.

Warum ist ein reparierter Unfallschaden für den Käufer eigentlich so schlimm, wenn das Fahrzeug doch technisch wieder völlig in Ordnung ist? Ganz einfach: Als Ausgleich für die zu erwartenden Einbußen bei einem Verkauf des Fahrzeugs bekam der damalige Fahrzeugeigentümer bei einem schweren Schaden, der sich nicht zum Beispiel nur durch den Austausch von Blechteilen reparieren ließ, ziemlich wahrscheinlich die Wertminderung ausgezahlt. Dies kann ein späterer Besitzer schmerzhaft zu spüren bekommen, wenn ihm das Fahrzeug beispielsweise gestohlen wird. Dann nämlich bekommt er von der Versicherung nur den um die Wertminderung reduzierten Zeitwert erstattet. Abgesehen davon: Bis dahin musste er Versicherungsbeiträge in gleicher Höhe wie für ein unbeschädigtes Fahrzeug zahlen.

Dasselbe gilt für einen Hagelschaden, der nicht repariert wurde. Hat sich ein früherer Besitzer des Kastenwagens statt einer Reparatur den Schaden auszahlen lassen, bleiben nicht nur die Dellen im Blech – das Fahrzeug ist für die Versicherung auch entsprechend weniger wert. Übrigens: Damit ein neuer Besitzer bei seiner Versicherung nicht noch einmal den alten Hagelschaden anzeigen kann, speichern die Versicherer solche Altschäden in dem gemeinsamen »Hinweis- und Informationssystem« (HIS).

Der obige Text und der Kasten auf der übernächsten Seite entstand mit freundlicher fachlicher Unterstützung von Rechtsanwalt Ulrich Dähn aus 36251 Bad Hersfeld, www.wohnmobilrecht.de«.

Nur die Ruhe: Für die Besichtigung eines gebrauchten Wohnmobils sollte man viel Zeit mitbringen – was sowohl für den Interessenten als auch für den Verkäufer gilt.

BESICHTIGUNG

In einem gebrauchten (leider aber auch neuen) Wohnmobil können sich sehr viel mehr Mängel verstecken als in einem Pkw – weil der nun mal zum Beispiel keine Küche und kein Badezimmer hat. Man sollte sich also für eine Besichtigung viel Zeit nehmen.

Doch los geht es erst einmal am Telefon. Schon bei einem Vorgespräch kann man einige Dinge klären, die womöglich eine unnötige Anfahrt ersparen. Abfragen sollte man, wenn es nicht schon in der Verkaufsannonce erwähnt wurde, die Zahl der Vorbesitzer, den Kilometerstand, die Unfallfreiheit und etwaige Hagelschäden. Auch ist interessant, was der Verkaufsgrund bei einem privaten Verkäufer ist und ob es sich um ein reines Sommerfahrzeug handelt (im Kaufpreis enthaltene Winterräder sprechen übrigens dagegen). Außerdem sollte man mit dem Verkäufer vorab klären, ob Gas im Kastenwagen angeschlossen ist oder ob man zum Test der Gasanlage selbst eine Flasche mitbringen muss. Die Fragen, ob zur Prüfung der Funktion Wasser aufgefüllt und Landstrom angeschlossen werden kann, werden den Verkäufer endgültig davon überzeugen, es hier mit einem Wohnmobil-Gebrauchtkaufprofi zu tun zu haben.

Wichtig ist noch die Frage, ob es sich bei dem angebotenen Wohnmobil um ein Vermietfahrzeug handelt, denn in diesem Fall sollte man besonders genau hinschauen. Nicht alle Mieter werden ihr Urlaubsgefährt so pfleglich behandelt haben, als wäre es ihr eigenes. Und nicht alle Mieter waren wahrscheinlich mit den ungewohnten Abmessungen des Kastenwagens vertraut. Dies gilt besonders für den Konflikt zwischen Fahrzeughöhe und tiefhängenden Ästen. Deshalb ist es empfehlenswert, zur Begutachtung des Dachs eine Leiter mitzubringen. Doch nicht nur das: Mit einer Taschenlampe kann man besser in dunkle Ecken schauen und den Unterboden ableuchten, mit einem kleinen Magneten gespachteltes Blech der Karosserie entlarven, mit einem Feuerzeug die Funktionstüchtigkeit des Herds prüfen (wenn er über keine Piezozündung verfügt) und mit einem kleinen Spiegel in alle Ecken des Wassertanks schauen. Und da vier Augen mehr sehen als zwei, sollte man sich nie ohne eine Begleitperson zu einer Besichtigung aufmachen.

Am besten geht eine umfassende Besichtigung anhand einer Checkliste. Diese Checkliste hakt dann am besten die Begleitperson ab, denn sie ist bei der Bewertung der einzelnen Punkte wahrscheinlich weniger euphorisch. Schließlich bietet jeder nicht für gut befundene Punkt ein Argument für die spätere Preisverhandlung.

ERSTER EINDRUCK

Bevor man die Zeit investiert, das Wohnmobil ganz genau unter die Lupe zu nehmen, sollte man zunächst seine Sinne zu Rate ziehen. Also: Schiebetür auf und Nase rein. Müffelt einem daraufhin ein gruftiger Geruch entgegen, kann man sich eigentlich gleich wieder verabschieden, denn mit Wasserschäden ist nicht zu spaßen. Lässt einen dagegen das Dekor des Innenraums würgen, muss noch nicht alles vorbei sein: Das lässt sich ändern, kostet aber natürlich etwas.

FAHRERHAUS UND PROBEFAHRT

Noch immer ist die Zeit nicht reif für die ausgiebige Besichtigung. Schon 1978 hatte Fredl Fesl mit seinem »Anlass-Jodler« recht, und so gilt bis heute: »Ein Auto, das nicht fährt, das ist sein Geld nicht wert«. Also sollte man sich erst einmal dem mobilen statt dem wohnenden Aspekt des Wohnmobils widmen. Zunächst ein Blick unter die Motorhaube. Strahlt der Motor in frischem Glanz, kann das zweierlei bedeuten: Der Verkäufer meinte es mit der Motorwäsche besonders gut, oder er hat etwas zu verbergen. Ist der Motor warm, kann auch das zweierlei bedeuten: Der Motor springt kalt schlecht an (weshalb ihn der Verkäufer schon vorgewärmt hat), oder es war kurz vorher bereits ein anderer Interessent da.

Jetzt aber das Fahrerhaus geentert: Mit Hilfe der Begleitperson lässt sich rasch feststellen, ob Fahrlicht, Scheinwerferverstellung, Fernlicht und Blinker rundum funktionieren. Die Diagnose, ob

BESSER WISSEN

WAS IST DIE SACHMÄNGELHAFTUNG?

Nicht jeder Schaden am Fahrzeug fällt unter die gesetzliche Haftung. Bei normalen Gebrauchsspuren und abgenutzten Verschleißteilen handelt es sich normalerweise nicht um einen Mangel. Ein Mangel liegt dann vor, wenn das Fahrzeug nicht dem entspricht, was Käufer und Verkäufer ausdrücklich miteinander vereinbart haben, zum Beispiel »Unfallfreiheit«, »Originallackierung« oder »kein Hagelschaden«.

Ist nichts ausdrücklich vereinbart, so gilt die Beschaffenheit als vereinbart, die ein verständiger Käufer üblicherweise bei einem vergleichbaren Produkt erwarten kann. Man muss also abwägen, ob der festgestellte Mangel bei ähnlichen Fahrzeugen dieses Alters und dieser Laufleistung ebenfalls zu erwarten oder völlig ungewöhnlich ist. Bei sicherheitsrelevanten Mängeln wird man in der Regel davon ausgehen können, dass diese ein Fachhändler hätte sehen und darauf hinweisen müssen, wenn er sie nicht vorher bereits beseitigt hat. Hat der Händler das Fahrzeug gar nicht untersucht, so muss er auch darauf hinweisen. Unterlässt er dies, handelt er im Zweifel arglistig und kann sich später auch nicht auf Verjährung berufen. Im Zweifel sollte das ein Fachanwalt klären, der sich mit Gewährleistungsrecht auskennt.

Um es privaten Käufern bei Streitigkeiten leichter zu machen, wird bei einem Kauf vom Händler, und nur da, vermutet, dass ein Mangel, der innerhalb der ersten sechs Monate nach der Übergabe auftritt, bereits bei Übergabe des Fahrzeugs bestand. Wenn der Verkäufer nicht haften will, muss er das Gegenteil beweisen können. Dafür reicht einfaches Bestreiten nicht. Innerhalb der ersten sechs Monate ist der Käufer, wenn er bei einem gewerblichen Händler gekauft hat, also in einer vorteilhaften Beweislage. Nach Ablauf dieser Frist allerdings wendet sich das Blatt: Dann ist der Käufer in der Beweispflicht dafür, dass der Mangel nicht sofort erkennbar auch schon am Tag der Übergabe vorhanden war. Ohne die Hilfe eines Sachverständigen, der sich mit Wohnmobilen gut auskennt, dürfte die Beweisführung dann schwer werden.

Scheibenwaschanlage, Spiegelverstellung, Radio, Rückfahrkamera und Verdunkelung des Fahrerhauses in Ordnung sind, bekommt man auch alleine von innen hin. Nach einem prüfenden Blick auf die Frontscheibe, ob sich darauf Steinschläge finden, kann man den Motor starten. Nach dem Anspringen sollten alle Warnhinweise im Kombiinstrument erlöschen.

Ab auf die Straße. Ausnahmsweise ist es diesmal kein Nachteil, wenn es sich dabei um eine Holperpiste handelt, denn sie veranlasst verschlissene Traggelenke, Spurstangen oder Stabilisatoren, sich durch Knackgeräusche zu verraten. Selbstredend, dass sich alle Gänge während ihres Eingriffs geräuschfrei verhalten und ohne fremde Hilfe eingelegt bleiben sollen, denn die Reparatur von Getriebeschäden ist immer teuer. Zieht es das Fahrzeug auf einer waagerechten Straße immer wieder zu einer Seite, wenn man kurz das Lenkrad loslässt, drängt sich der Verdacht auf, dass etwas mit der Fahrwerkseinstellung nicht stimmt. Wenn man bei losgelassenem Lenkrad bremst (vorher in den Rückspiegel schauen) und das Mobil dadurch zu einer Seite zieht, sind die Bremsen einseitig verschlissen. Steigt beim Gasgeben in einem großen Gang zwar die Drehzahl des Motors, nicht aber die Geschwindigkeit des Fahrzeugs, ist die Kupplung hinüber. Für den gegenteiligen Test »Gas wegnehmen« ist es von Vorteil, wenn die Begleitperson mit einem anderen Auto hinterherfährt und auf den Auspuff achtet. Bläulicher Qualm deutet auf verbranntes Öl, weißlicher Qualm auf verdampfendes Kühlwasser hin – beide erforderlichen Reparaturen sind in der Regel teuer. Wenn man sich dann noch vergewissert, dass auch die Klimaanlage funktioniert, hat man den Fahrteil hinter sich.

AUSSENBESICHTIGUNG

Damit man beim Außenrundgang nichts vergisst, kann man sich von oben nach unten durcharbeiten. Also, ab auf die Leiter und das Dach mit Argusaugen betrachten: Ist hier oben schon jemals geputzt worden? Finden sich Hagelspuren im Blech? Ist das Dach von Ästen verkratzt oder finden sich gar Roststellen? Und in welchem Zustand ist eine eventuelle Solaranlage?

Eine halbe Etage tiefer: Lässt sich die Markise ein- und ausfahren? In welchem Zustand ist der Stoff? Sind die Fenster verkratzt, wie sehen deren Dichtungen aus und wie fühlen sie sich an? Befindet sich Kondenswasser zwischen Außen- und Innenscheibe, ist das Fenster undicht. Nun muss es sich jede Klappe gefallen lassen, in Augenschein genommen und geöffnet zu werden: Sitzt jede Klappe korrekt? Lässt sie sich anstandslos öffnen und schließen? Steht etwa Feuchtigkeit dahinter?

Ab in den Keller: Wie sieht es unter dem Fahrzeug aus – sind Auspuff und der Unterboden frei von Rost? Sind irgendwo Undichtigkeiten zu erkennen? Vielleicht war der Vorbesitzer ja ein Offroad-Fan: Sehen die Unterseiten des Grauwassertanks und der elektrischen Trittstufe unbeschädigt aus? Und nach dem Wiederauftauchen: Ist die Profiltiefe der Reifen noch ausreichend?

Der natürliche Feind des Kastenwagens: Hagel. Die Blechkarosserie reagiert auf den Bewurf mit Eisbällen viel sensibler als ein GfK-Aufbau. Die Reparaturkosten können sich schnell auf 25.000 Euro belaufen,

INNENBESICHTIGUNG

Um keine ärgerlichen Überraschungen nach dem Kauf erleben zu müssen, sollte der Gebrauchtkäufer für die Zeit der Besichtigung etwas von seiner guten Kinderstube vergessen, denn für eine umfassende Begutachtung muss das fremde Eigentum ausführlich befingert werden. Also: Lässt sich die Schiebetür einwandfrei öffnen und schließen? Falls vorhanden: Funktioniert die elektrische Zuziehhilfe, und wie sieht das große Fliegengitter aus? Rein in die gute Stube: Sind Verfärbungen an den Wänden oder auf den Schrankoberflächen zu sehen? In diesem Fall könnte Wasser im Spiel gewesen sein. Wie sieht es in den Schubladen und Staukästen aus? Lassen sich alle Klappen, Türen und Schubladen leicht öffnen und schließen? Sind alle Fenster und Dachluken rissfrei, gehen sie ebenso gut auf wie zu, und in welchem Zustand sind die dazugehörigen Rollos und Fliegengitter? Funktionieren alle Beleuchtungseinrichtungen? Lassen sich die Sitze des Fahrerhauses einwandfrei drehen?

Design ist Geschmackssache: Wenn die alten Polster nicht gefallen, lassen sie sich recht leicht gegen solche mit moderneren Farben austauschen.

In der Küche müssen Kühlschrank, Wasserhahn und Gasherd ihre Funktionstüchtigkeit unter Beweis stellen.

Im Badezimmer sollten sich Duschwanne und Waschbecken rissfrei zeigen. Funktioniert die Wasserzufuhr beim Wasserhahn und bei der Toilette? Wie sieht die Duschabtrennung aus?
Im Schlafzimmer lohnt ein kritischer Blick auf die Matratzen und die Lattenroste – wenn man nicht ohnehin nach dem Kauf aus Hygienegründen die Schlafunterlagen austauschen möchte. Und da man gerade hinten ist, kann auch gleich der Stauraum inspiziert werden: Wie sieht es im Frischwassertank aus, wie im Gaskasten? Wie alt sind Druckminderer und Hochdruckschläuche? Wie ist der Zustand des Ladebodens?

Besonders wichtig ist die Funktionsprüfung von Heizung und Boiler, denn sonst kann es teuer werden. Man sollte Heizung und Boiler anwerfen und mindestens zehn Minuten laufen lassen. Dann kontrolliert man, ob auch wirklich aus allen Auslässen warme Luft und aus allen Wasserhähnen warmes Wasser kommt.

Auch die Prüfung der Stromversorgung ist wichtig. Nach dem Anschluss an Landstrom müssen innen alle 230-Volt-Steckdosen funktionieren, und die zentrale Anzeige muss signalisieren, dass externer Strom angeschlossen ist. Den Zustand der Versorgungsbatterien zu prüfen, ist ohne weiteres dagegen nicht möglich, da das Alter der Batterien, selbst wenn es sich aufgrund der Kennzeichnung entschlüsseln lässt, eher zweitrangig ist. Wichtiger ist eine gute Behandlung ohne Tiefentladungen.

Das war eine Menge Holz, und wahrscheinlich fürchtet sich der Vorbesitzer schon jetzt vor der anstehenden Preisverhandlung. Doch das war immer noch nicht alles – nach der Kontrolle der Hardware ist jetzt die Software dran.

PAPIERKRAM

Vertrauen ist gut, Kontrolle ist besser: Stimmt die Fahrzeug-Identifizierungsnummer in der Zulassungsbescheinigung mit der auf dem Typschild des Fahrzeugs überein? Sind die Zulassungsbescheinigungen Teil 1 und Teil 2 sowie eine gültige Bescheinigung über die letzte Haupt- und Abgas-Untersuchung vorhanden? Aufschlussreich ist immer ein Blick in das Service-Scheckheft: Ist es lückenlos ausgefüllt? Passt der angegebene Kilometerstand zu den Einträgen im Scheckheft? Wann steht der nächste Service an, wann ist der nächste (teure) Zahnriemenwechsel fällig? Werden die Bedienungsanleitungen für alle eingebauten Geräte mitgeliefert?

KASTENWAGEN VERKAUFEN

Sinngemäß gelten für den Verkäufer eines gebrauchten Kastenwagens natürlich dieselben Sachverhalte wie oben – nur eben von der entgegengesetzten Warte. Also: Blech-, Unfall- oder Hagelschäden (auch fachmännisch reparierte) ungefragt angeben und im Kaufvertrag erwähnen. Wenn es keine solchen gibt, sollte man dies aus besagten juristischen Gründen mit dem Zusatz »soweit bekannt« im Kaufvertrag ergänzen.

Freundliche Verkäufer sorgen für Wasser im Frischwassertank, Gas an Bord und möglichst für einen Landstromanschluss, damit der Interessent sich von der Funktionsfähigkeit all dieser Systeme überzeugen kann. Freundliche Verkäufer ertragen es auch geduldig, wenn der Käufer in spe an allem ausgiebig herumfingert.

Aufpassen heißt es dagegen für den Verkäufer bei der Probefahrt. Es gab schon Fälle, bei denen das Wohnmobil einfach nicht von der Probefahrt zurück kam – weil es schlicht gestohlen wurde. Als ob das nicht schon ärgerlich genug wäre, kann sich dann auch noch die Versicherung quer stellen, da da viele Teilkaskoversicherungen zwar natürlich bei Diebstahl, nicht aber bei Unterschlagung zahlen. Genau darum handelt es sich in diesem Fall, da der Verkäufer dem fremden Interessenten ja sein Fahrzeug freiwillig ausgehändigt hat. Also: Vor der Probefahrt Ausweis und Führerschein zeigen lassen und die Personalien aufnehmen. Oder, viel besser noch: bei der Probefahrt selbst mitfahren.

BESSER WISSEN

FRISCHER WIND

Die meisten Käufer eines gebrauchten Wohnmobils werden sich auf der Toilette viel wohler fühlen, wenn sie »Erstbesitzer« sind. Dafür bietet beispielsweise Thetford ein »Fresh-up-Set« an, das eine neue Klobrille und eine neue Kassette enthält. Für das in Kastenwagen meist verbaute Modell C 220 muss man dafür mit rund 150 Euro rechnen.

Auch beim Design lassen sich eigene Noten setzen: Möbelfronten kann man mit etwas handwerklichem Geschick durch eine Folierung völlig neu gestalten, für das Beziehen und Neupolstern abgewetzter oder einfach nur scheußlicher Sitzmöbel finden sich zahlreiche Anbieter im Internet.

CHECKLISTE GEBRAUCHTKAUF

AM TELEFON

Zahl der Vorbesitzer?

Kilometerstand?

Hauptuntersuchung gültig bis

Farbe der Umweltplakette?

unfallfrei?

Hagelschäden?

Sommerfahrzeug?

Vermietfahrzeug?

Bei Verkauf von privat: Grund des Verkaufs?

Gas angeschlossen?

Wasser aufgefüllt?

Anschluss Landstrom möglich?

ERSTER EINDRUCK

	☹	☺
Ist der Geruch im Inneren neutral?	☐	☐
Kann man mit dem Innenraumdekor leben?	☐	☐

FAHRERHAUS UND PROBEFAHRT

	☹	☺
Funktion Scheinwerferverstellung	☐	☐
Funktion Fernlicht	☐	☐
Funktion Blinker	☐	☐
Funktion Scheibenwaschanlage	☐	☐

	☹	☺
Funktion Spiegelverstellung	☐	☐
Funktion Radio	☐	☐
Funktion Rückfahrkamera	☐	☐
Funktion Verdunkelung Fahrerhaus	☐	☐
Steinschlag Windschutzscheibe?	☐	☐
Erlöschen alle Motor-Kontrollleuchten nach dem Anlassen?	☐	☐
Fährt der Kastenwagen auch dann geradeaus, wenn man kurz das Lenkrad loslässt?	☐	☐
Zieht er nicht spürbar zu einer Seite, wenn man bremst?	☐	☐
Steigt beim Gasgeben im vierten Gang nicht nur die Drehzahl, sondern gleichzeitig auch die Geschwindigkeit?	☐	☐
Sind keine ungewöhnlichen Geräusche zu hören?	☐	☐
Hinterherfahrender sieht keinen bläulichen oder weißen Qualm aus dem Auspuff?	☐	☐
Lassen sich alle Gänge geräuschfrei einlegen und bleiben auch eingelegt?	☐	☐
Funktion Klimaanlage	☐	☐

AUSSENBESICHTIGUNG

	☹	☺
Sauberkeit Dach?	☐	☐
Keine Dellen von Hagel zu entdecken?	☐	☐
Keine Kratzspuren von Ästen?	☐	☐
Keine rostigen Stellen?	☐	☐
Zustand der Solaranlage?	☐	☐
Markise: Lässt sie sich ein- und ausfahren?	☐	☐
Markise: Frei von Rissen, Stockflecken und Schimmel?	☐	☐

- Zustand der Fenster und deren Dichtungen (kein Kondenswasser zwischen Außen- und Innenscheibe?)
- Sind alle Klappen in Ordnung? (Strom, Kassette, ggfs. Außenwasseranschluss)
- Ist es trocken hinter den Klappen?
- Auspuff rostfrei?
- Unterboden rostfrei?
- Abwassertank unbeschädigt?
- Keine Undichtigkeiten an den Stoßdämpfern?
- Keine Ölflecken unter dem Fahrzeug?
- Reifenprofil ausreichend vorhanden?

INNENBESICHTIGUNG

- Funktion Zuziehhilfe Schiebetür
- Funktion elektrische Trittstufe
- Zustand Fliegengitter im Eingang
- Zustand Dachluken und Fenster
- Sichtprüfung der Wände und Schrankoberflächen auf Verfärbungen
- Funktion und Zustand aller Schubladen, Klappen und Türen
- Funktion Dachluken und Fenster samt Fliegengitter und Verdunkelung
- Beide Sitze im Fahrerhaus einwandfrei drehbar?

KÜCHE

- Funktion Kühlschrank
- Funktion Wasserhahn

	☹	☺
Funktion Gasherd	☐	☐
Funktion Beleuchtung	☐	☐

BADEZIMMER

	☹	☺
Duschwanne rissfrei?	☐	☐
Waschbecken rissfrei?	☐	☐
Funktion Wasserhahn	☐	☐
Funktion Toilettenspülung	☐	☐
Funktion Duschabtrennung	☐	☐
Funktion Beleuchtung	☐	☐

SCHLAFZIMMER

	☹	☺
Funktion und Zustand Schränke	☐	☐
Funktion Beleuchtung	☐	☐
Zustand der Lattenroste und Matratzen	☐	☐

STAURAUM

	☹	☺
Gaskasten nach unten belüftet und unbeschädigt?	☐	☐
Alter Druckminderer und Schläuche (müssen unabhängig von ihrem Zustand alle 10 Jahre getauscht werden)	☐	☐
Zustand Boden	☐	☐
Blick in den Wassertank – sauber?	☐	☐

WÄRME

- Funktion Heizung ☐ ☐
- Funktion Boiler ☐ ☐

STROM

- Funktion Landstromanschluss (Steckdosen, Lampen, Batterieladung) ☐ ☐
- zentrales Anzeigeelement ☐ ☐
- Funktion Solaranlage ☐ ☐
- Zustand Kontakte Versorgungsbatterien ☐ ☐

PAPIERKRAM

- Stimmt die Fahrzeug-Identifizierungsnummer in der Zulassungsbescheinigung mit der auf dem Typschild des Fahrzeugs überein? ☐ ☐
- Zulassungsbescheinigung Teil 1 und Teil 2 vorhanden? ☐ ☐
- Gültige HU- und Abgas-Bescheinigung vorhanden? ☐ ☐
- Service-Scheckheft vorhanden? ☐ ☐
- Service-Scheckheft lückenlos ausgefüllt? ☐ ☐
- Passt der angezeigte Kilometerstand zu den Einträgen im Service-Scheckheft? ☐ ☐
- Wann steht der nächste Service an? ☐ ☐
- Gültige Gasprüfung vorhanden? ☐ ☐
- Wann ist der nächste Zahnriemenwechsel fällig? ☐ ☐
- Bedienungsanleitungen für alle eingebauten Geräte vorhanden? ☐ ☐

MODELLHISTORIE DER BELIEBTESTEN BASISFAHRZEUGE

Für alle diejenigen, die mit einem älteren Kastenwagen als Wohnmobil liebäugeln, hier ein Blick zurück in die Vergangenheit der beliebtesten Basisfahrzeuge. Übrigens: Vor einer hohen Laufleistung braucht man gar nicht so großen Respekt zu haben, da die Fahrzeuge auf eine lange Lebensdauer ausgelegt sind: So findet man in Gebrauchtwagenbörsen häufig Transporter mit 700.000 oder 800.000 Kilometern auf dem Buckel. Eher ist es der Ausbau, der Scherereien macht.

FIAT DUCATO, CITROËN JUMPER UND PEUGEOT BOXER

Schon 1978 schlossen sich Fiat und die PSA Gruppe (Citroën und Peugeot) zusammen, um gemeinsam leichte Nutzfahrzeuge zu entwickeln. 1981 startete die Produktion des Transporters in einem eigens dafür gebauten Werk in Atessa am Fuß der Abruzzen in Süditalien. Häufig wird dieses Werk »Sevel« genannt, was die Abkürzung von »Societa Europea Veicoli Leggeri« ist und übersetzt »Europäische Gesellschaft für leichte Nutzfahrzeuge« bedeutet. Rund 300.000 Fahrzeuge laufen dort jährlich vom Band, damit ist Sevel laut Fiat die größte Produktionsstätte ihrer Art.

1981 (TYP 280)

Der vorn quer eingebaute Vierzylindermotor samt Getriebe und Tank waren kompakt im Führerhaus zusammengefasst, was Platz für einen möglichst großen Laderaum des frontgetriebenen Transportes schaffte. Schon damals wurden extra für die Wohnmobilhersteller auch Varianten ohne Kastenaufbau hergestellt. Die baugleichen Geschwister hießen damals noch Citroën C25 und Peugeot J5.

1990 (TYP 290)

Die Front wurde in Details modifiziert, Außenspiegel und Schiebetür wurden größer. Zum ersten Mal war der Transporter auch mit Allradantrieb (von Steyr-Puch) bestellbar. Außerdem sorgte die Kleinserie »Elettra« für Aufsehen: Der elektrisch angetriebene Ducato mit seinem rund 870 Kilogramm schweren Akkupack im Laderaum erzielte eine Reichweite von zirka 70 Kilometern, die Höchstgeschwindigkeit des 43 kW (59 PS) starken Transporters betrug 80 km/h.

1994 (TYP 230)

Die Karosserie wurde runder und strömungsgünstiger geformt. Der Schalthebel befand sich nun nicht mehr zwischen den vorderen Sitzen, sondern war in die Armaturentafel gewandert (»Joystick-Schaltung«). Fahrerairbag und Antiblockiersystem waren als Sonderausstattung bestellbar. Der Transporter war jetzt mit drei unterschiedlichen Dachhöhen lieferbar. Citroën C25 und Peugeot J5 wurden in Citroën Jumper und Peugeot Boxer umgetauft.

2002 (TYP 244)

Dank Sitzhöhenverstellung und höhenverstellbarem Lenkrad zog mehr Pkw-ähnlicher Komfort ein. Der Verbrauch der Turbodiesel-Motoren sank durch die Einführung der Common-Rail-Direkteinspritzung, »MultiJet« genannt. Fahrerairbag und Antiblockiersystem gehörten jetzt zur Serienausstattung.

Historie Fiat Ducato von links nach rechts: Typ 250 von 2020, Typ 250 von 2006, Typ 244 von 2002, Typ 230 von 1994, Typ 290 von 1990 und Typ 280 von 1981.

2006 (TYP 250)

Ab jetzt waren fünf Längen auf vier Radständen im Angebot, das maximale Ladevolumen betrug stattliche 17 Kubikmeter. Der Antrieb erfolgte ausschließlich per Dieselmotoren, die zweite Generation der MultiJet Direkteinspritzung wurde eingeführt. Ab 2012 war ein automatisiertes Schaltgetriebe namens »Comfort-Matic«, ab 2014 Luftfederung an der Hinterachse erhältlich. 2018 lief der sechsmillionste Transporter in Atessa vom Band.

2020 (TYP 250)

Die unverändert als Typ 250 bezeichnete neue Generation erfüllte die Abgasnorm 6d temp und war erstmals mit einem Neungang-Wandler-Automatikgetriebe (»9Speed«) verfügbar. Außerdem fanden sich in der Liste der Sonderausstattungen nun Fahrerassistenzsysteme wie Totwinkelassistent, Aufprallvermeidung, Spurhalteassistent oder Verkehrszeichenerkennung. Die Ducato konnten mit einem 2,3-Liter Dieselmotor mit wahlweise 120, 140, 160 oder 178 PS ausgestattet werden, Citroën und Peugeot mit einem 2,2-Liter-Diesel BlueHDI mit 120, 140 oder 160 PS, der ausschließlich im Jumper beziehungsweise Boxer verbaut wurde. Außerdem feierte der elektrisch angetriebene Ducato seine Wiederauferstehung: Der E-Ducato leistete 90 kW (122 PS) und erzielte eine Reichweite von bis zu 370 Kilometern.

Für das Modelljahr 2022 wurde der Ducato erneut überarbeitet: Der Motor hatte ab jetzt mit 2184 cm³ rund 100 cm³ weniger Hubraum und erfüllte die Abgasnorm Euro 6d final. Die neue elektrische Servolenkung ermöglichte neue Assistenzsysteme wie Spurhalte-, Seitenwind- und Parkassistent, und durch die elektrische Feststellbremse entfiel der Handbremshebel.

Historie Mercedes-Benz Sprinter von links nach rechts: Typ W 907 von 2018, Typ W 906 von 2013, Typ W 906 von 2006 und Typ W 901 von 1995.

MERCEDES-BENZ SPRINTER

Die Geschichte des Sprinters begann eigentlich schon 40 Jahre vor seiner Markteinführung: 1955 mit dem L 319, der bis 1968 gebaut wurde. Von 1967 bis 1976 übernahm der T2 beziehungsweise T2N die Rolle des Transporters bei Mercedes-Benz. 1977 folgte der T1, auf dem auch der erste James Cook basierte.

1995 kam der Sprinter auf den Markt – der erste Transporter von Mercedes-Benz, der statt einer Buchstaben-/Zahlenkombination einen Eigennamen als Verkaufsbezeichnung trug. Der Sprinter war eine gemeinsame Entwicklung von Mercedes-Benz und Volkswagen. Der entsprechende Kastenwagen von Volkswagen hieß damals schlicht LT.

1995 (TYP W 901)

Ausgestattet mit Scheibenbremsen vorn und hinten, Antiblockiersystem und automatischem Bremsdifferential. Ab 1998 war die Typbezeichnung abhängig von der zulässigen Gesamtmasse: W 902 bis W 905. Ab 2000 war der Schalthebel in das Armaturenbrett integriert, ab jetzt fanden sich neue Dieselmotoren mit Common-Rail-Direkteinspritzung im Angebot. Ab 2001 wurde der Sprinter in Nordamerika als Freightliner Sprinter und Dodge Sprinter angeboten.

2006 (TYP W 906)

Ab jetzt gab es die Kastenaufbauten mit Normaldach, Hochdach und dem neuen Superhochdach, neu waren auch Varianten mit Tiefrahmen für Wohnmobile. Als Motoren gab es Dieselmotoren mit vier oder sechs Zylindern sowie einem V6-Ottomotor, ESP gehörte zur Serienausstattung. Ab 2012 war zusammen mit den CDI-Dieselmotoren ein 7-Stufen-Automatikgetriebe (7G-Tronic) lieferbar. Ab 2013 half dem Fahrer ein Seitenwind-Assistent, die Spur zu halten.

2018 (TYP W 907)

Ab jetzt war der Sprinter nicht nur wahlweise mit Heck- oder Allrad-, sondern als Baureihe 910 erstmalig in seiner Modellgeschichte auch mit Frontantrieb lieferbar. Seit 2019 gab es den elektrisch angetriebenen eSprinter mit 85 kW (116 PS) und einer Reichweite von bis zu rund 170 Kilometer zu kaufen.

Kastenwagen mit Alkoven: 1977 erschien das erste Wohnmobil auf Basis des T1 von Mercedes Benz. Der James Cook wurde auch schon damals von Westfalia ausgebaut.

VW LT UND CRAFTER

Kein Fall für Höhenangst: Der Florida (ebenfalls ein Ausbau von Westfalia) basierte auf dem LT 1 von Volkswagen, der noch fast vollständig auf eine Motorhaube verzichtete.

1975 (LT 1)

Der Frontmotor des heckgetriebenen Transporters war zwischen Fahrer- und Beifahrersitz angeordnet, was im Gegensatz zum Bulli, bei dem sich der Motor im Heck befand, den gesamten Laderaum nutzbar machte. 1983 schaffte eine geänderte Einbaulage des Motors Platz für eine dritte Sitzgelegenheit im Fahrerhaus, außerdem wurde das Armaturenbrett neu gestaltet. 1985 wechselten die Scheinwerfer ihre Form von rund nach eckig, erstmalig wurde der LT nun auch mit Allradantrieb angeboten. 1988 tauchte das erste Wohnmobil auf Basis des LT auf: der Florida.

1996 (LT 2)

Dieser gemeinsam mit Mercedes-Benz entwickelte Kastenwagen hieß bei Volkswagen zunächst wie sein Vorgänger LT – was schlicht »Lasten-Transporter« abkürzte. Der auffälligste Unterschied zum plattschnäuzigen Vorgänger war das Vorhandensein einer kurzen Motorhaube, außerdem war der Einstieg deutlich niedriger.

Nasenoperation: Der Volkwagen LT 2 von 1996 schob sich länger in den Wind als sein Vorgänger.

2006 (CRAFTER 1)

Volkswagen entschloss sich, dem Modell ab 2006 mit dem markanten Truck-Design auch einen richtigen Namen zu geben. Auch der Crafter entsprang noch einer Zusamenarbeit mit Mercedes-Benz.

2017 (CRAFTER 2)

Mit dem Crafter der zweiten Generation – lieferbar wahlweise mit Front-, Heck- oder Allradantrieb – ging Volkswagen eigene Wege: Die Eigenentwicklung der Marke Volkswagen Nutzfahrzeuge wird bis heute auch als baugleicher MAN TGE angeboten. 2019 erschien das Wohnmobil Grand California auf Crafter Basis, im gleichen Jahr der elektrisch angetriebene eCrafter mit 100 kW (136 PS) und einer Reichweite von rund 170 Kilometer.

Eigenentwicklung: Mit dem Crafter ging Volkswagen ab 2017 eigene Wege.

KASTENWAGEN VERSICHERN

Nicht jedes Versicherungsunternehmen, das Fahrzeuge versichert, nimmt auch Wohnmobile unter seine Fittiche, allerdings werden es angesichts des wachsenden Markts immer mehr. Aber wie findet man für sich den geeignetsten Versicherer? Eins ist sicher: nicht durch eine Internetsuche à la »Welche ist die beste Wohnmobilversicherung?«

TREUEGELÖBNIS

Hat man bereits mehrere Verträge bei einem einzigen Versicherer laufen und ist mit ihm zufrieden, sollte man zunächst bei diesem wegen eines Angebots anklopfen. Hier stehen wegen der bereits bestehenden Verträge die Chancen nicht schlecht, einen Sondertarif für das Wohnmobil zu erhalten. Den kann man besonders dann gut gebrauchen, wenn das Wohnmobil den eigenen Fuhrpark erweitert statt ein anderes Fahrzeug mit bereits bestehendem Schadenfreiheitsrabatt (abgekürzt SF) ersetzt. Dann nämlich wird das Wohnmobil meist als Zweitwagen mit dem niedrigen SF ½ eingestuft, was einen hohen Versicherungsbeitrag bedeutet.

Bei den nötigen Angaben für ein Angebot sollte man sich nicht wundern: Bei Pkw und Motorrädern braucht der Versicherer für ein Angebot die Angaben Herstellernummer (HSN) und Typschlüsselnummer (TSN). Das ist bei Wohnmobilen anders – hier dient der Listenneupreis zum Zeitpunkt der Erstzulassung einschließlich fest montierter Sonderausstattung wie Markise oder Solarmodul als Kalkulationsbasis. Und noch etwas ist anders: Da die Reparatur eines Hagelschadens bei einem vollständig blechernen Kastenwagen so teuer ist, gibt es bei manchen Versicherern bei einem Kastenwagen mit GfK-Dach einen saftigen Nachlass.

SEITENSPRUNG

Lässt sich der Haus- und Hof-Versicherer nicht auf einen Sondertarif ein, kann man anderen Versicherern eine Chance geben. Dazu fordert man bei mehreren Unternehmen ein schriftliches Angebot samt den dazugehörigen allgemeinen Bedingungen für die Kraftfahrzeug-Versicherung (AKB) an. Anschließend sollte man nicht allein die Höhe der Prämie entscheiden lassen, da sich auch die AKB der Versicherer in wichtigen Details unterscheiden können.

Es gibt sicher Tätigkeiten, die mehr Spaß machen als kleingedruckte AKB miteinander zu vergleichen. Glücklicherweise sind fast alle AKB nach dem gleichen Schema aufgebaut, so dass der Vergleich recht schnell gehen kann. Für Wohnmobilfahrer besonders interessant sind die Punkte A.1.2 »Wer ist versichert?« und A.1.4 »In welchen Ländern besteht Versicherungsschutz?« Punkt A.2.2.1 erläutert, was im Fall einer Beschädigung, Zerstörung, Verlust (auch Diebstahl von Fahrzeugteilen) oder Totalschadens des eigenen Fahrzeugs von der Versicherung ersetzt wird, wenn man eine Teilkaskoversicherung abgeschlossen hat; Punkt A.2.2.2 bezieht sich auf die teurere Vollkaskoversicherung; Punkt A.2.5.2 zählt auf, was die Versicherung im Reparaturfall bezahlt. Hier kann es Sonderbedingungen für den Fall geben, wenn das Fahrzeug nicht repariert wird: zum Beispiel, dass dann nur die Hälfte von den geschätzten Reparaturkosten abzüglich Mehrwertsteuer und Selbstbeteiligung gezahlt wird. Auch ein Blick in Punkt A.2.9 »Was ist nicht versichert?« kann erhellend sein.

TEILZEIT-VERSICHERUNG

Besonders bei Wohnmobilen, die ja oft im Winter überhaupt nicht genutzt werden, kann sich ein Saison-Kennzeichen lohnen. Das Fahrzeug ist damit nur für einen bestimmten Zeitraum im Jahr, den der Fahrzeughalter selbst bestimmen kann, versichert – was natürlich die Versicherungsprä-

BESSER WISSEN

HAFTPFLICHT, TEIL- UND VOLLKASKO

Eine Haftpflichtversicherung ist für Fahrzeuge in Deutschland vorgeschrieben. Sie kommt für Schäden auf, die man mit seinem Fahrzeug anderen zugefügt hat. Muss die Versicherung einen Schaden zahlen, wird der Versicherungsnehmer in seinem Schadenfreiheitsrabatt üblicherweise zurückgestuft, und die Versicherung wird teurer.

Eine Teilkaskoversicherung ist dagegen freiwillig. Sie kommt für Schäden am eigenen Fahrzeug durch äußere Einflüsse auf (zum Beispiel Beschädigung, Zerstörung, Verlust oder Totalschaden). Üblich ist eine Selbstbeteiligung von 150 Euro im Schadenfall. Wer sich nicht beteiligen möchte, muss eine höhere Prämie in Kauf nehmen.

Da die Teilkaskoversicherung nur bei Schäden zum Tragen kommt, auf die der Versicherungsnehmer keinen Einfluss hatte, gibt es hier auch keinen Schadenfreiheitsrabatt. Anders bei der Vollkaskoversicherung: Sie deckt zusätzlich Schäden am eigenen Fahrzeug ab, die man selbst verursacht hat.

mie senkt. Auch der Betrag der jährlichen Kraftfahrzeugsteuer verringert sich dadurch.
Auf dem Saison-Kennzeichen ist dann der erste und der letzte Monat des Gültigkeitszeitraums aufgedruckt. Dieser gilt fortan auch für alle weiteren Jahre.

Außerhalb des Gültigkeitszeitraums darf man das Fahrzeug im öffentlichen Raum nicht fahren – aber auch nicht parken. Wer beim Parken in der Öffentlichkeit außerhalb des Gültigkeitszeitraums erwischt wird, muss mit einem Bußgeld, schlimmstenfalls sogar mit Abschleppen rechnen. Ein privates Grundstück oder ein angemieteter Stellplatz für die Winterpause ist also Voraussetzung für einen ruhigen Schlaf.

Was zur Beruhigung beiträgt: Auch außerhalb des Gültigkeitszeitraums ist das Fahrzeug immer noch zum Beispiel gegen Diebstahl versichert.

Der Gültigkeitszeitraum sollte so gewählt werden, dass er mindestens sechs Monate lang ist. Dann erst nämlich verbessert sich der Schadenfreiheitsrabatt von Jahr zu Jahr – vorausgesetzt, es passiert kein selbstverschuldeter Unfall. Ist der Gültigkeitszeitraum kürzer, bleibt der Versicherungsnehmer (auch ohne Unfall) dauerhaft auf seinem derzeitigen Schadenfreiheitsrabatt sitzen.

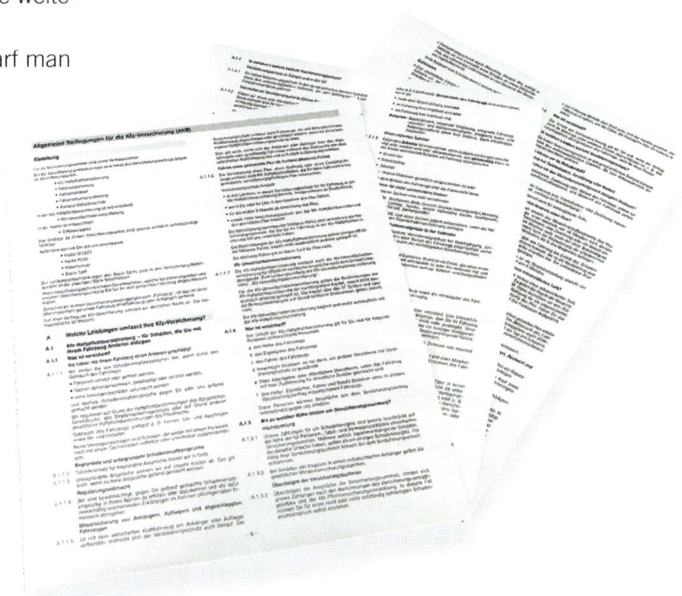

Spaßkiller: Es gibt schönere Tätigkeiten, als AKBs zu lesen – aber für einen seriösen Vergleich der Leistungen verschiedener Versicherer ist es leider unumgänglich.

KASTENWAGEN VERMIETEN

Üblicherweise steht das teure Wohnmobil viele Wochen im Jahr herum und wartet darauf, bewegt zu werden. Wer möchte, kann dieses tote Kapital zum Leben erwecken – zum Beispiel mittels einer Sharing-Plattform. Die Plattform Yescapa machte 2012 in Deutschland den Anfang, 2013 stießen PaulCamper und Campanda dazu. Die 2016 gegründete Plattform shareacamper wurde zwischenzeitlich von Yescapa übernommen.

Für sein Angebot muss sich der Besitzer des Wohnmobils zunächst auf der Sharing-Plattform registrieren, macht dann ebenso ansprechende wie aussagekräftige Fotos von seinem Fahrzeug, beschreibt ausgiebig dessen Vorzüge, legt die Tagesmietpreise und Bedingungen fest (etwa, ob drinnen geraucht werden darf oder ob Haustiere erlaubt sind), blockt im Kalender die Zeiten, an denen das Wohnmobil zum Beispiel wegen eigener Nutzung nicht verfügbar sein wird – und wartet ab.

Nach einer Anfrage und dem ersten Kontakt kann man selbst entscheiden, ob man diesem Interessenten wirklich sein Wohnmobil anvertrauen möchte. Immerhin werden fremde Menschen im eigenen Bett schlafen, das Badezimmer samt Toilette nutzen und in der Küche hantieren. Hat man ein schlechtes Gefühl bei dem Interessenten, lässt man es lieber bleiben.

Werden sich beide Parteien handelseinig, unterstützt die Plattform mit vorgefertigten Mietverträgen und anderen nützlichen Formularen.

TOTES KAPITAL WIRD LEBENDIG

Je nach Region, Jahreszeit, Fahrzeugtyp und -zustand kann man für einen Kastenwagen deutlich mehr als 100 Euro pro Nacht verlangen – wobei es sich anbietet, in der Annonce eine Mindestmietdauer zu vereinbaren. Das Annoncieren selbst ist noch kostenlos. Wird das Fahrzeug gebucht, bezahlt der Mieter den fälligen Betrag an die Plattform. Von diesem Betrag zieht die Plattform ihre Provision (meist 15 Prozent des Mietpreises) ab und überweist den Restbetrag an den Besitzer.

Auch nach Abzug der Provision kann der Erlös aus der Vermietung, je nach Anzahl der Vermiettage, von der Deckung der laufenden Kosten bis hin zum beachtenswerten Gewinn reichen. Aber Achtung: Einnahmen durch Vermietungen sind – wie die Vermietung einer Wohnung oder eines Ferienhauses – steuerpflichtig. Manchmal kann es sich sogar lohnen, zur Vermietung ein Gewerbe anzumelden; zur Klärung dieser Frage kann ein Steuerberater weiterhelfen.

VERSICHERUNG FÜR DIE VERMIETUNG

Eine normale Kfz-Versicherung deckt keine Vermietung ab. Wer versicherungstechnisch den Nutzungskreis seines Wohnmobils auch auf wildfremde Menschen ausdehnen möchte, muss eine Selbstfahrer-Vermietversicherung abschließen – die bis zu 2500 Euro im Jahr kosten kann. Außerdem muss das Wohnmobil dann jährlich zur Hauptuntersuchung.

Der andere Weg: Die Sharing-Plattform bietet eine auf den Mietzeitraum befristete Zusatzversicherung an; diese Versicherung bezahlt der Mieter. Der Vorteil für den Vermieter: Im Schadenfall bei einer Vermietung zahlt die Zusatzversicherung und nicht die eigene Kfz-Versicherung, womit der Schadenfreiheitsrabatt des Vermieters unberührt bleibt.

Vor der Übergabe des Wohnmobils an den Mieter sollte man sich unbedingt auch seinen Führerschein zeigen lassen. Denn besitzt die leihende Person keine gültige Fahrerlaubnis, macht sich auch der Verleiher nach Paragraph 21 des Straßenverkehrsgesetzes (StVG) strafbar.

DIE KEHRSEITE DER MEDAILLE

So verlockend es auch ist, mit seinem zeitweise ungenutzten Wohnmobil Geld zu verdienen, sollte man den mit ziemlicher Sicherheit dafür anfallenden Aufwand nicht unterschätzen. Mieter können anstrengend sein: So lassen sich Anrufe à la »Wo ist eigentlich«, »Das funktioniert nicht« oder gar »Der Motor ist kaputt« oder »Wir hatten einen Unfall« nicht ausschließen. Und da ein guter Vermieter seine Mieter nicht hängen lässt, kann so nebenher noch eine ganze Menge Betreuungsarbeit und Hilfestellung anfallen.

Während der Mieter eines Wohnmobils bei der Übergabe besonders aufmerksam auf bereits vorhandene Schäden achten muss, gilt dies für den Vermieter bei der Rücknahme. Nicht jeder Mieter hat den unbedingten Willen, von ihm verursachte Schäden freiwillig zuzugeben. Das kann ebenso Kratzer im Lack betreffen wie eine durch Fehlbedienung defekte Wasserpumpe. Das muss nicht, kann aber – je nach Mieter – bei der Rückgabe zu unangenehmen Diskussionen führen.

Übersieht andererseits der Vermieter bei der Rücknahme einen Schaden, gestaltet sich die nachträgliche Beweisführung über den Verursacher besonders schwierig. Und beseitigt ist der Schaden damit auch noch nicht.

Das alles muss nicht passieren; es gibt Vermieter, die noch nie etwas derartiges erlebt haben. Es gibt aber auch Vermieter, die nach solchen Erlebnissen zukünftig gern wieder auf die Extra-Einnahmen verzichten.

Vertrauenssache: Wer ein mulmiges Gefühl bei einem Miet-Interessenten hat, sollte auf seinen Bauch hören und diese Extra-Einnahme lieber sausen lassen.

EINWINTERN UND AUSMOTTEN

Wer seinen Kastenwagen auch den Winter über fährt, braucht ihn natürlich nicht einzumotten. Für alle anderen gilt: Es steht Arbeit vor der Tür.

Für die meisten gibt es sicher Tätigkeiten, die deutlich mehr Spaß machen als seinen Kastenwagen zu waschen. Doch vor dem Einmotten für den Winter sollte man sich dazu aufraffen. Aber wo wäscht man seinen Camper Van eigentlich? Es hört sich zunächst nach einer pfiffigen Idee an, seinen Kastenwagen einfach durch eine Lkw-Waschanlage zu fahren, da hier auch die größten Modelle hineinpassen. Doch auch Lkw-Waschanlagen arbeiten mit rotierenden Bürsten, und diese können auf dem Dach mit einer SAT-Antenne oder einem Solarpanel in Konflikt kommen oder die empfindlichen Acrylglasfenster verkratzen.

Auf Nummer sicher geht, wer sein Wohnmobil von Hand wäscht – nicht zu Hause, sondern auf einem Do-it-yourself-Waschplatz. Der Waschprofi nimmt eine Leiter zur Dachreinigung und eigene (weil saubere) Bürsten dorthin mit. Vorgereinigt wird mit dem Hochdruckstrahl der Waschanlage von oben nach unten, wobei man Zielschießen auf die Fenster, Dachluken und deren Dichtungen tunlichst vermeiden sollte. Feinarbeit um die Dachluken, denn dort sammelt sich der Schmutz besonders gern, kann später zu Hause noch mit einer kleinen Klappleiter von innen durch die geöffneten Dachfenster erledigt werden. Nach der Hochdruckreinigung kommt die Shampoo-Wäsche mit der Bürste.

Auf dem Weg nach Hause oder ins Winterquartier fährt man eine Tankstelle an und füllt dort den Tank auf, um die Bildung von Kondenswasser zu unterbinden, das Stahltanks zum Rosten bringen kann. Dann wird noch der Frostschutz vom Scheibenwaschwasser aktualisiert und der Luftdruck in den Reifen um 0,5 bar erhöht, um Standplatten zu vermeiden.

Muss das Wohnmobil im Freien überwintern, zieht man am Ziel nicht die Handbremse an, sondern legt lediglich den ersten Gang ein. So verhindert man ein Festfrieren der Feststellbremse.

Glücklich kann sich schätzen, wer eine Überwinterungsmöglichkeit in einer Halle oder Scheune hat – überglücklich, wenn dort sogar ein Stromanschluss vorhanden ist. In diesem Fall wird der Landstrom angeschlossen und so durch die andauernde Vollladung der Bordbatterien deren Lebensdauer erheblich verlängert.

Gefrierendes Wasser dehnt sich aus, und zwar mit solch gewaltiger Kraft, dass es sogar Felsbrocken sprengen kann. Also muss über den Winter alles Wasser aus dem Wohnmobil raus: aus Frisch- und Grauwassertank, aus der Toilettenspülung und -kassette, aus dem Boiler und aus allen Leitungen – sowohl aus denen des Kalt- als auch des Warmwasserkreislaufs. Natürlich gilt dies auch für volle Getränkeflaschen jeglicher Art. Ganz Vorsichtige schrauben den Brausekopf ab und blasen den Schlauch zum Entleeren durch. Den Druck zum sicheren Entleeren der Leitungen zum Wasserhahn in der Küche kann ein aufgeblasener Luftballon erzeugen, der über die Armatur gestülpt wird.

Der manchmal zu lesende Rat, man sollte auch die Syphons unter den Waschbecken und der Dusche entleeren oder Frostschutzmittel dort einfüllen, ist allerdings etwas übertrieben. Warum? Legt man eine geschlossene Flasche Wasser in die Tiefkühltruhe, wird sie nach einiger Zeit platzen, weil sich gefrierendes Wasser ausdehnt – was der ein oder andere sicher schon einmal an einem schnell zu kühlenden, dann aber vergessenen Bier erlebt hat. Stellt man dagegen ein Glas Wasser in die Tiefkühltruhe, passiert dem Glas nichts, da das gefrierende Wasser Platz hat, sich auszudehnen – und das hat es im Syphon üblicherweise auch.

Fit für die Kälte: Bevor das Wohnmobil eingeschneit wird, sollte man es auf die Kälte vorbereiten. Sonst kann es im nächsten Frühjahr teuer werden.

Pustekuchen: Wenn die Armatur abgeschraubt wird, kann der Duschschlauch leicht mit Lungenkraft entleert werden.

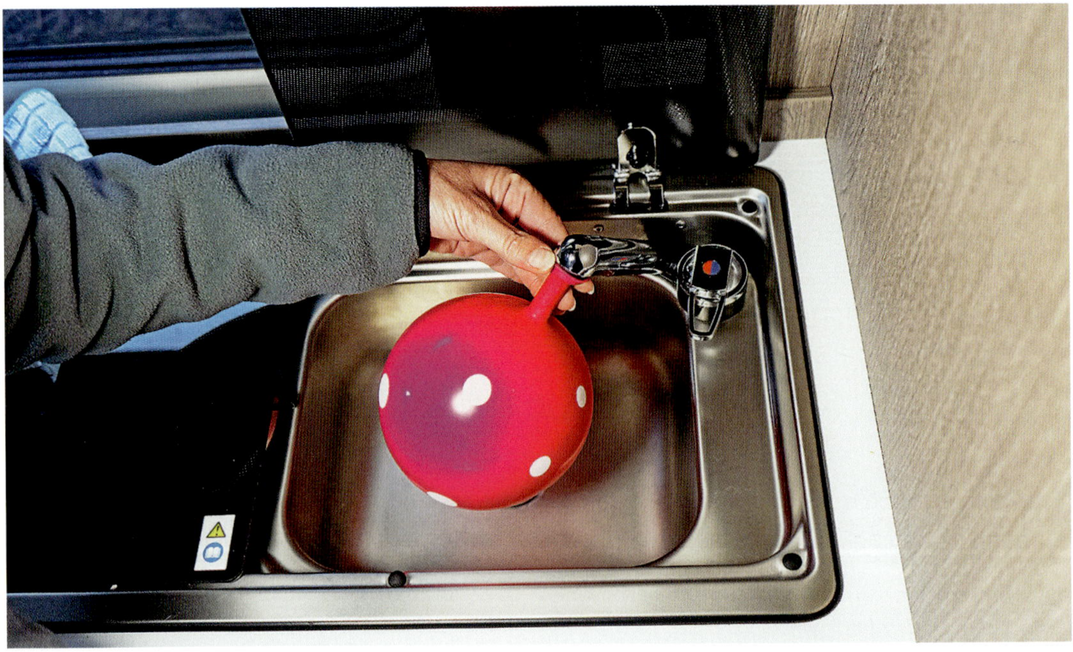

Blasebalg: Mittels eines aufgesetzten Luftballons kann Druck erzeugt werden, um die Leitung leer zu blasen. Gepunktet muss der Ballon dafür nicht unbedingt sein.

Auf Durchzug: Mit einer umklappbaren Einrastung kann für den Winter dafür gesorgt werden, dass die Kühlschranktür zwecks Innenbelüftung nicht völlig dicht schließt.

Vor der Inbetriebnahme nicht vergessen: Wird der blaue Knopf nicht gedrückt, läuft unten alles Wasser wieder hinaus, was oben eingefüllt wird.

Gut versteckt und nur schwer zugänglich: Auch der Grauwassertank lässt sich therotisch durch zwei Revisionsöffnungen reinigen.

Zum Durchlüften der Tanks und der Wasserleitungen können die Revisionsdeckel des Frischwassertanks sowie die Ablasshähne von Frisch- und Grauwasser geöffnet bleiben. Auch die Wasserhähne können bei abgeschaltetem Hauptschalter in Mittelstellung geöffnet bleiben.

Für eine lange Winterpause sollten die Ventile der Gasflaschen geschlossen werden.

Verderbliche Lebensmittel jeglicher Art haben über den Winter im Wohnmobil nichts verloren, also raus damit. Die Tür des abgeschalteten Kühlschranks bleibt zur Durchlüftung einen Spalt offen.

Ja, man kann auch noch die Sitzpolster der Dinette senkrecht stellen, um Feuchtigkeit darunter keine Chance zu geben. Und, ja, man kann auch sämtliche Kleiderschränke leerräumen und deren Klappen offenstehen lassen. Ob man das allerdings auch muss, soll jeder selbst für sich entscheiden.

ES GEHT WIEDER LOS

Vor Wiederaufnahme des Reisebetriebs macht man das Gegenteil des Einmottens. Hier nochmal im Schnelldurchlauf: Ventile der Gasflaschen öffnen, Ablassöffnungen der Wassertanks schließen, Revisionsdeckel des Frischwassertanks zuschrauben. Wird gern vergessen: Frostschutzventil Boiler schließen und Knopf drücken. Und auch nicht vergessen, gegebenenfalls die Verriegelung der Kühlschranktür wieder von der Lüftungs- in die Schließstellung zu bringen. Den Reifenluftdruck prüfen und, wenn nötig, wieder absenken.

Frischwasser auffüllen, gegebenenfalls Toilettenkassette nach Herstellerangaben mit Zusatz befüllen. Hauptschalter an, Wasserhähne in Kalt- und Warmstellung jeweils so lange geöffnet lassen, bis keine Luft mehr kommt.

BESSER WISSEN

HYGIENE IM WASSERSYSTEM

»Biofilm« ist nicht das, was man in der Schule in einer unterhaltsamen Biologiestunde zu sehen bekommt. Vielmehr rotten sich in ständig wässriger Umgebung Bakterien an den Wänden der Tanks und den Leitungen zusammen und bilden dort eine wehrhafte Schicht. Nahrung für sie gibt es genug: Partikel im Wasser, Kalkrückstände oder aus dem Kunststoff ausgetretene Weichmacher. Diesen Biofilm gilt es regelmäßig zu entfernen – mindestens einmal im Jahr, am besten vor der Reisesaison. Dazu schrubbt man zunächst die Tankwände von innen, soweit man sie erreicht, mit einer Bürste kräftig ab. Für diesen Zweck gibt es die großen Öffnungen oben am Frischwassertank. Anschließend kommt ein Reinigungsmittel für Wohnmobil-Frischwassertanks zum Einsatz, von denen der Camping-Fachhandel eine große Auswahl anbietet. Nach der vorgeschriebenen Einwirkzeit öffnet man sämtliche Wasserhähne, um die Mischung aus dem Frischwassertank in den Grauwassertank zu exportieren. Dort kann das Mittel dann noch einige Zeit weiter wirken, bevor das Gebräu ordnungsgemäß an einer Service-Station abgelassen wird. Zum Schluss werden die Tanks noch einmal mit Frischwasser durchgespült. Ein Tipp für ganz penible Reinigungskräfte: Auch ein Grauwassertank hat meist solch große Reinigungsöffnungen wie der Frischwassertank. Nur kommt man hier entschieden schlechter ran, da sie an der Unterseite des Tanks (also knapp über der Straße) liegen.

DIE ZUKUNFT DER KASTENWAGEN

Stillstand ist Rückschritt – und so ist auch der Markt der Camper Vans ständig in Bewegung. Die Entwickler machen sich freiwillig Gedanken über neue Wohnkonzepte und Reduzierung des Gewichts der Ausbauten. Die Gedanken über alternative Antriebe sind dagegen nicht ganz freiwillig, denn das Ende des Verbrennungsmotors, auch in Wohnmobilen, wird kommen.

WOHNKONZEPTE

Immer wieder erfasst ein Trend den Markt der Camper Vans wie zum Beispiel der Trend weg vom Staufach über dem Fahrerhaus hin zum Bugfenster »Skyroof« oder den Ersatz der Halbdinette durch eine Hecksitzgruppe. Für Showcars dagegen darf und muss man größer denken. So präsentierte Hymer im Sommer 2019 ein gemeinsam mit BASF entwickeltes Konzeptfahrzeug, das sowohl Erkennungszeichen eines Kastenwagens als auch eines Integrierten in sich vereinte. Ausgestattet war es mit einem Füllhorn von innovativen Ideen: Ein aufblasbares, dick isoliertes Schlafdach, das sich mit beheizter oder gekühlter Luft befüllen ließ. Eine fest montierte Treppe ins Obergeschoss, deren Volumen zur Unterbringung von Schränken und einer Kühlschublade genutzt wurde. Eine hinten ausfahrbare und überdachte Terrasse. Eine Hecksitzgruppe, die die Luftigkeit eines Wintergartens besaß. Ein Schienensystem an den Wänden, dass das Einhängen unterschiedlichster Utensilien ermöglichte. Und die Verwendung neuartiger Werkstoffkombinationen, die Gewicht sparen sollten.

Integrierter Kastenwagen: Teils Mercedes-Benz Sprinter mit Allradantrieb, teils deutliche Merkmale eines Integrierten – die Hymer Studie VisionVenture beschreitet neue Wege.

Doppelnutzen: Die Treppe ins Obergeschoss beherbergt große Stauräume und eine Kühlschublade.

Zentralküche: Platzsparend an die Treppe geschmiegt. Ein Leistensystem an den Wänden ermöglicht das Einhängen verschiedenster Utensilien.

Im Freien: Da sich Ober- und Unterteil des Hecks aufklappen lassen, entsteht eine Terrasse mit Dach.

Macht hoch die Tür: Heller und luftiger geht's nicht.

Wie im Wintergarten: Rundum verglaste Sitzgruppe.

ALTERNATIVE ANTRIEBE

Alternative Antriebe, die gerade bei Pkw stark im Aufwind sind, werden auch in Wohnmobile Einzug halten. Die Frage ist nur: wann? Mittlerweile gibt es zwar einige Kastenwagen, die als theoretische Ausbaubasis bereits über einen reinen Elektroantrieb verfügen wie den E-Ducato von Fiat samt Citroën ë-Jumper und Peugeot E-Boxer oder dem eSprinter von Mercedes-Benz oder dem eCrafter von Volkswagen. Allen gemein ist aber ihr zurzeit hohes Gewicht in Relation zur Version mit Verbrennungsmotor, ihre vergleichsweise geringe Reichweite mit einer Batterieladung und ihr hoher Preis. Kein Wunder also, dass es die Elektromobilität bisher nicht in die Wohnmobilwelt geschafft hat. Einzige Ausnahme: der teilintegrierte WOF Iridium in einer kleinen Stückzahl.

Schade, denn die Vorteile lägen auf der Hand: Ein Elektroantrieb hat deutlich weniger Verschleißteile als ein Verbrennungsmotor und ist damit weniger reparaturanfällig und benötigt weniger Wartung. Bei richtig leistungsstarken Akkus könnte sogar der Gasvorrat an Bord entfallen, da ja elektrisch gekocht und geheizt werden könnte – was allerdings wieder zu Lasten der Reichweite ginge.

Somit heißt es in punkto Elektromobilität: warten auf leichtere und leistungsstärkere Akkus. Und auf leichtere Ausbauten.

Vielleicht gehört ja auch dem Antrieb mit Wasserstoff die Zukunft? Hyvia, ein Gemeinschaftsunternehmen von Renault und dem Wasserstoff-Spezialisten Plug-Power, hat angekündigt, den Renault Master mit Brennstoffzellenantrieb auf den Markt zu bringen. Dann soll eine mit Wasserstoff betriebene Brennstoffzelle eine 33-kWh-Batterie mit Strom für den elektrischen Antrieb versorgen.

GEWICHTSEINSPARUNG

Zumindest der Punkt Gewichtseinsparung ist heute keine Zukunftsmusik mehr. Der slowenische Hersteller Robeta bietet gegen Aufpreis an, die Möbel aus seinem Leichtbauwerkstoff »Air« herzustellen, wodurch eine Gewichtsreduzierung des Camper Vans zwischen 180 und 200 Kilogramm erzielt werden soll.

Im Jahr 2019 präsentierte der schwäbische Leichtbau-Spezialist Vöhringer einen Kastenwagen mit austauschbaren leichten Möbeln, die aus hauseigenen Sandwichplatten mit einem Kern aus Hartschaum hergestellt wurden.

Ein anderer Weg wäre natürlich, die Gewichtsgrenze von 3,5 Tonnen für Inhaber der Fahrerlaubnisklasse B auf zum Beispiel 4,25 Tonnen anzuheben, wenn das Mehrgewicht durch einen alternativen Antrieb verursacht wird. Genau darüber wird derzeit im Rahmen einer Überarbeitung der EU-Führerscheinrichtlinie beraten.

Leichtbau-Werkstoff: Hartschaum mit beidsetiger Deckschicht von Vöhringer.

Das vielleicht realistischste Showcar: Bürstner Eliseo Erdgas.

EIN BISSCHEN ALTERNATIV

Wenn es momentan mit den Elektroantrieben bei Camper Vans noch nicht klappt – was gibt es für »alternative Alternativen«?

Da wäre der Antrieb mit Erdgas – immer noch ein fossiler Brennstoff, aber günstig im Verbrauch, schnell nachtankbar und mit großer Reichweite. Hierzu präsentierte Bürstner im Jahr 2021 das Showcar »Eliseo Erdgas«.

Oder es gibt den Hybrid-Antrieb. Das kann entweder heißen, dass ein vergleichsweise kleiner Elektromotor mit dem Verbrennungsmotor verbunden ist und entweder als Unterstützung beim Antrieb oder als Stromgenerator zum Beispiel im Schiebebetrieb dient. Oder ein vergleichsweise kleiner Verbrennungsmotor erzeugt Strom im Elektrofahrzeug, wenn Ebbe in der Batterie zu herrschen droht (»Range Extender«) und kann sogar selbst das Fahrzeug antreiben. Solch ein Konzept zeigte Knaus im Jahr 2021 mit seiner Studie Knaus E.Power Drive, basierend auf dem Teilintegrierten VAN TI 650 MEG.

FUNDSTÜCKE

Was jetzt folgt, passt in keine der Kategorien dieses Buchs, ist aber trotzdem interessant nach dem Motto »Einfach mal was Anderes«.

PLUGVAN

Unter der Woche Lieferwagen, am Wochenende oder im Urlaub Wohnmobil. Diese Mehrfachnutzung macht die Firma PlugVan möglich. Für die Nutzung als Wohnmobil wird in den leeren Lieferwagen ein Wohnmodul geschoben, das alles beinhaltet, was der Teilzeitcamper braucht: ein Bett mit einer Liegefläche von 200 x 155 Zentimeter, einen Frisch- und einen Grauwassertank, eine Kühlbox, Strom, eine Spüle im Hubtisch, verschiebbare Hängeschränke, Beleuchtung, eine Außendusche, ein großes Fenster nach hinten und einen Durchgang zum Fahrerhaus.

Ich packe meinen Koffer: Das Wohnmodul steht auf Stützen mit Rollen und wiegt rund 450 Kilogramm.

Variabel: Der Waschtisch ist in der Höhe, die Hängeschränke sind in Fahrtrichtung verschiebbar.

Das Modul ist 2,09 Meter lang – je nach Länge des Kastenwagens ist also vor dem Modul noch Stauraum vorhanden – und 1,28 Meter breit. Die Seitenwände lassen sich bis auf 1,88 Meter Breite ausfahren und sich so dem Innenraum jedes Kastenwagens anpassen. Die Höhe des Moduls beträgt 1,70 Meter, gegen Aufpreis lässt sich das Dach bis auf eine Höhe von 1,98 Meter ausfahren.

Das zirka 450 Kilogramm schwere Modul wird auf Stützen mit Rädern geparkt. Wenn es zum Einsatz kommen soll, wird es in den leeren Laderaum geschoben und dort ordentlich verzurrt.

FREECAMPER

Im Alltag Camper Van, im Urlaub Kajüte: Auf der Website www.freecamper.de kann man motorisierte Fähren mieten, die dem eigenen Camper Van das Schwimmen beibringen. Die Fähren gibt es in unterschiedlichen Größen, die Kastenwagen-tauglichen sind rund zwölf Meter lang und vier Meter breit. Angetrieben werden sie von einem Außenbordmotor, der zwischen 50 und 60 PS leistet.

Eigentlich benötigt man zum Führen eines Motorboots mit einer Leistung von mehr als 11 kW (15 PS) einen Sportbootführerschein, doch in bestimmten Revieren dürfen Boote auch mit höherer Motorleistung lediglich mit einer Charterbescheinigung gefahren werden. In diesem Fall reicht das Revier ab der Mietbasis in Mildenberg (Mecklenburg-Vorpommern) in Richtung Norden über die Havel und Mecklenburgische Seenplatte bis nach Schwerin oder in Richtung Süden über den Werbellinkanal bis zum Werbellinsee. Auch der Finowkanal (Eberswalde) ist bis zum Ende befahrbar.

Kastenboot:
Mit freecamper lernt der Camper Van schwimmen.

Wenn schon ohne Sportbootführerschein, geht es dann doch nicht ganz ohne Vorbereitung: Für die Charterbescheinigung muss man sich vorab ein wenig theoretisch vorbereiten (entsprechendes Material gibt es einige Wochen vor Mietbeginn von freecamper). Eine ausführliche Einweisung bei der Übergabe vor Ort macht den Rest.
Der Steuerstand der Fähren ist überdacht und befindet sich wettergeschützt vor dem Camper Van. Das Navigieren wird durch Bug- und Heckstrahlruder erleichtert, da das Gefährt sich damit auch seitwärts bewegen lässt – gerade für Ungeübte sehr hilfreich beim Anlegen oder beim Passieren von Schleusen.

CITROËN JUMPER BIKER SOLUTION MULTI

Am Wochenende Sporttransporter: Der Kastenwagen »Biker Solution Multi«, der direkt von Citroën vertrieben wird, bietet Platz für zwei Motorräder, ein Gespann (Motorrad mit Beiwagen), ein Kart oder ein Quad. Variable Auffahrrampen und eine elektrische Seilwinde erleichtern das Beladen. Wird ein noch größeres Laderaumvolumen benötigt, können alle Möbel mit wenigen Handgriffen herausgenommen werden. Geschlafen wird unter dem serienmäßigen Aufstelldach. Bei Bedarf lassen sich im (leeren) Laderaum zusätzlich zwei Betten herunterklappen.

Breit gemacht: In den Biker Solution Multi passt sogar ein Quad.

WER GEHÖRT ZU WEM?

Gemeinsam sind wir stärker. Nach diesem Motto sind in den letzten Jahren einige Konzerne durch die Integration weiterer Marken immer größer geworden. Zur Erwin Hymer Group gehören, was Camper Vans angeht, die Marken Bürstner, Carado, Dethleffs, Etrusco, natürlich Hymer selbst, Laika, LMC, Sunlight und der Fahrwerksspezialist Goldschmitt. Die Erwin Hymer Group ihrerseits ist Teil des amerikanischen Konzerns Thor Industries.

Unter dem Dach der Pössl Freizeit und Sport GmbH wohnen die vier Marken Clever Vans, Globecar, Pössl und Roadcar.

Zur Knaus Tabbert AG gehören die Marken Knaus und Weinberg.

Malibu gehört zu Carthago Reisemobil.

Zum französischen Trigano Konzern gehören Challenger, Chausson, Eura Mobil, Forster, Karmann-Mobil, Mobilvetta und Roller Team. Auch die Slowenen Adria Mobil und Sun Living gehören zu dieser Familie.

Zur französischen Rapido Gruppe gehören die Marken Dreamer, Giottiline, Rapido und der deutsche Hersteller Westfalia Mobil.

Die Pilote Gruppe stammt ebenfalls aus Frankreich. Zu ihr gehören die Marken Frankia, Mooveo und Pilote.

Auch im Zubehörsektor schreitet die Firmenballung fort: So gehören zum Beispiel zur Dometic Group die Firmen Waeco, Seitz, Kampa und Cadac.

STELLPLATZFÜHRER UND CAMPING-APPS

Der starke Zuwachs an Wohnmobilen freut die Hersteller, doch leider wächst die Zahl der Stellplätze nicht entsprechend schnell mit. So sind Campingplätze oft schon lange im Voraus ausgebucht. Andere Übernachtungsmöglichkeiten muss man erst einmal finden und gegebenenfalls auch vorab buchen.

Für die Suche nach Campingplätzen ziehen viele noch gedruckte Bücher vor, denn sie funktionieren auch ohne Internet. Platzhirsche sind hier die **ADAC-Campingführer**. Es gibt einen umfangreichen Band für Nordeuropa samt Deutschland und einen für Südeuropa. In den beiden Bänden werden insgesamt rund 5500 Campingplätze in 35 Ländern vorgestellt und bewertet. Auch für Wohnmobil-Stellplätze gibt es vom ADAC zwei Bücher in ähnlicher Ausgestaltung. Die beiden Werke sind aber auch als kostenpflichtige App verfügbar.

Der geballte online-Auftritt des ADAC Campingsektors findet sich auf **www.pincamp.de**. Auf dieser Plattform lassen sich über 10.000 Campingplätze in 38 Ländern ohne zusätzliche Kosten und auf Basis deutscher allgemeiner Geschäftsbedingungen und Datenschutzbestimmungen buchen. Sehr praktisch: Bei der Suche bekommt man nach Eingabe des Urlaubsziels und der Reisedaten nur Campingplätze angezeigt, die auch buchbar sind – die also geöffnet sind und noch freie Plätze haben.

Eine empfehlenswerte Mischung aus Reise- und Stellplatzführer bietet der Womo-Verlag an. Mittlerweile sind auf **www.womo-verlag.de** rund 100 Bücher zu finden, die neben deutschen Bundesländern und verschiedensten europäischen Regionen auch Island und Marokko beschreiben.

Der Gigant unter den elektronischen Findern ist **park4night**. Egal, ob man diese Informationsquelle als Website oder App (kostenlos oder gegen Geld mit Zusatzfunktionen) nutzt: Hier lassen sich weltweit Parkplätze, Stellplätze (auch von Privatvermietern), Campingplätze und Entsorgungsstationen finden – alles bewertet von einer lebhaften Community. Besonders bei Parkplätzen sollte man aber darauf achten, ob die Übernachtung dort immer noch erlaubt ist.

Über die App »**Stellplatz-Radar**« der Fachzeitschrift promobil lassen sich europaweit über 23.000 Stell- und Campingplätze aufspüren, eine Karte mit Suchfunktion hilft dabei.

Auf der Website **www.stellplatz.info** sind über 17.000 Stellplätze in ganz Europa gelistet.

Zahlreiche Internetseiten haben sich die Vermittlung von Übernachtungsmöglichkeiten bei privaten Gastgebern spezialisiert. Hier eine Auswahl, alphabetisch sortiert:

www.bauernhofcamping.info: übersichtlich nach Bundesländern sortiert; meist preisgünstige Übernachtungsmöglichkeiten auf deutschen Bauernhöfen und Natur-Campingplätzen.

www.landvergnügen.com: Höfe, Brauereien, Imkereien, Käsereien und Weingüter ausschließlich in Deutschland. Für die Nutzung des Angebots ist als Eintrittskarte jedes Jahr der Kauf eines gedruckten Reiseführers samt Vignette und App erforderlich. Übernachtungen sind grundsätzlich kostenlos, allerdings freuen sich die Gastgeber zum Beispiel über einen Einkauf in ihrem Hofladen. Der Aufenthalt ist auf 24 Stunden begrenzt, eine vorherige telefonische Anfrage ist oft erwünscht.

www.mycabin.eu: sehr übersichtliche Seite; Stellplätze, Hütten oder Unterschlüpfe vorwiegend in Deutschland, aber auch in Österreich, der Schweiz, Italien und Tschechien. Fast alle Plätze kosten etwas, sind aber in der Regel sehr günstig. Mit Klick auf den Preis in der Landkarte erscheint die Platzbeschreibung samt Bildern, Verfügbarkeit und der Kontakt zum Vermieter. Für die Planung ist eine Favorisierung des Platzes durch Anklicken eines Herzchens möglich.

www.spots.roadsurfer.com: sehr übersichtliche Seite mit meist deutschen Gastgebern. Nach Eingabe der Auswahlkriterien (wie Region, Bauernhof, Familie, Tiere, Lage des Platzes und der gewünschten Aktivitäten) erscheinen die Ergebnisse mit Preis und jeweiliger Zahl der Stellplätze; nach Klick auf das Angebotsbild ist eine Sofortbuchung möglich.

www.Stadt-Land-Bus-Camping.de: naturnahe Plätze in Deutschland, viele im Nordwesten. Sehr gute Eingrenzmöglichkeit durch Eingabe des Fahrzeugs, der Standortvorlieben und der Aktivitäten; die maximale Fahrzeuglänge ist auf jeder Seite angegeben. Häufig nur ein Stellplatz auf einem Hof mit oder ohne Hofladen.

www.vanlifelocation.com: Angebote privater Anbieter hauptsächlich aus Deutschland, zum Teil auch Plätze im benachbarten Europa. Alle Plätze kosten etwas, teilweise Beschränkung auf zwei Nächte. Sehr naturnah, häufig Bauernhöfe. Kontakt mit dem Gastgeber ist meist erwünscht – Tiere sind fast immer erlaubt. Kostenlose App verfügbar.

www.vansite.eu: sehr übersichtlich, teils auch sehr ausgefallene Übernachtungsmöglichkeiten. Deutschland nach Bundesländern aufgeteilt, zum Teil auch Plätze im benachbarten Europa. Kostenlose App verfügbar.

Es gibt sie noch, die einsamen und dennoch erlaubten Übernachtungsplätze. Man muss sie nur finden.

SCHAUENS- UND LESENSWERT

Es gibt im Internet eine Unzahl von Informationsquellen für jeden Geschmack über Camper Vans. Hier eine Auswahl von Quellen, die den Geschmack des Autors getroffen haben. Nicht alle befassen sich ausschließlich mit Kastenwagen – aber man lernt ja nie aus.

KANÄLE AUF YOUTUBE:

- Clever campen (gemeinsamer Kanal der Zeitschriften promobil und Caravaning)
- fan4van (auch https://fan4van.com)
- Camperklatsch
- jaybe Outdoor TV
- Die Ahlfis verrückt life live
- TravelCampingLiving (auch https://www.travelcampingliving.com)
- Vanfan (auch www.vanfan.online)

FOREN:

www.poesslforum.de
www.westfalia-fan.de
www.promobil.de/forum
www.kastenwagenforum.de
www.wohnmobilforum.de (Unterforum Kastenwagen)
www.kastenwagen-freunde.de
www.ducatoschrauber.de

BLOGS

www.womoknipser.de
www.camping.family
https://camper.help

Rund um den Camper Van besser informieren: Es gibt einige sehr gute und unterhaltsame Informationsquellen.

MARKEN, INDIVIDUAL-AUSBAUER UND INTERNETADRESSEN

Das Angebot von Kastenwagen als Wohnmobile ist mittlerweile gewaltig und wird ständig größer. In der Tabelle rechts sind die über 50 Marken aufgelistet, unter denen Anfang 2022 in Deutschland ausgebaute Kastenwagen angeboten wurden. Für eine erste Orientierung ist hier jeweils das Fabrikat aufgeführt, auf dessen Basis der Ausbau vorgenommen wird und ob es eventuell eine (meist aufpreispflichtige) Alternative dazu gibt. Bei diesen Marken hat der Käufer in der Regel außer durch das Setzen von Kreuzchen in der Aufpreisliste keine Möglichkeit, Einfluss auf den Ausbau des Camper Vans zu nehmen.

Anders ist dies bei dem Block unten: Bei Individualausbauern kann sich der Käufer normalerweise in den Ausbau ideen- und geschmacksmäßig voll einbringen. Da es auch von den Individualausbauern eine ganze Menge gibt, kann hier nur eine Auswahl aufgelistet werden.

Individualausbauer	Standort	Internetadresse
Bresler Mobile	08393 Dennheritz	www.bresler-mobile.de
Behl Mobile	97839 Besselbach	www.behl-mobile.de
Camperliebe	10317 Berlin	www.camperliebe.com
Camp-Line	76287 Rheinstetten	https://camp-line.de
CS-Reisemobile	24558 Henstedt-Ulzburg	www.cs-reisemobile.de
Die Reisemobil- Manufaktur Schirner	02689 Sohland a. d. Spree	www.diereisemobil-manufaktur.de
Domo Reisevan Manufaktur	23909 Ratzeburg	www.reisevan.de
HRZ Reisemobile	74626 Bretzfeld	www.hrz-reisemobile.de
Joko Wohnmobil	51381 Leverkusen	www.joko-wohnmobil.de
Ka-Mobile	75382 Althengstett	www.ka-mobile.de
Premium Camper	53804 Much	www.premiumcamper.de
Schwabenmobil	74626 Bretzfeld	www.schwabenmobil.de
Urban Mobile	83670 Bad Heilbrunn	www.urban-reisemobile.de
Vanlife Manufaktur	99094 Erfurt	https://vanlifemanufaktur.de

Marken	Basis	Basis optional	Internet-Adresse
Adria	Fiat	./.	https://de.adria-mobil.com
Affinity	Peugeot	./.	www.affinity-rv.de
Ahorn Camp	Renault	./.	www.ahorn-wohnmobile.de
Bravia Mobil	Peugeot	./.	www.bravia-mobil.com
Bürstner	Fiat	./.	www.buerstner.com
Carado	Fiat	./.	https://carado.com
Challenger	Fiat	./.	www.reisemobile-challenger.de
Chausson	Fiat	./.	www.chausson-reisemobile.de
Clever Vans	Citroën	Fiat	www.clever-mobile.de
Dethleffs	Fiat	./.	www.dethleffs.de
Dreamer	Fiat und Peugeot	./.	www.dreamer-van.de
Etrusco	Fiat und Ford	./.	www.etrusco.com
Eura Mobil	Fiat	./.	www.euramobil.de
Flowcamper	Mercedes-Benz	./.	https://flowcamper.de
Forster	Fiat	./.	www.forster-reisemobile.de
Frankia	Fiat und Mercedes-Benz	./.	www.frankia.com
Giottiline	Citroën	./.	www.giottiline.it
Globecar	Citroën	Fiat	www.globecar.de
Globe-Traveller	Peugeot	./.	https://globe-traveller.de
Hobby	Fiat	./.	www.hobby-caravan.de
Hymer Car	Fiat und Mercedes-Benz	./.	www.hymer.com
Innova	Mercedes-Benz	./.	https://roadtripwohnmobil.de
Joa	Citroën	./.	www.joa-camp.com
Kabe	Mercedes-Benz	./.	www.kabe.se
Karmann-Mobil	Fiat und Ford	./.	www.karmann-mobil.de
Knaus	Fiat und MAN	./.	www.knaus.com
Laika	Fiat	./.	www.laika.it
La Marca	Mercedes-Benz	./.	www.lamarcawohnmobile.com
La Strada	Fiat und Mercedes-Benz	./.	www.lastrada-mobile.de
LMC	Fiat und Ford	./.	www.lmc-caravan.de
Malibu	Fiat	./.	www.malibu-carthago.com
MegaMobil	MAN, Mercedes-Benz und Peugeot	Fiat, Volkswagen	www.megamobil.si
Mobilvetta	Fiat	./.	www.mobilvetta.it
Mooveo	Citroën	Fiat	www.mooveo-wohnmobile.de
Pilote	Fiat	./.	https://kastenwagen.wohnmobil-pilote.de/
Pössl	Citroën	Fiat	www.poessl-mobile.de
Randger	Fiat und Ford	./.	www.randger.com
Rapido	Fiat	./.	www.rapido-reisemobile.de
Rimor	Fiat	./.	www.rimor.it
Roadcar	Citroën	Fiat	www.roadcar-mobile.de
Robeta	Citroën	Fiat	http://robetamobil.si
Rocket Camper	Peugeot	./.	https://rocket-camper.de
Roller Team	Fiat	./.	www.rollerteam.de
Sun Living	Citroën	Fiat	https://de.sun-living.com
Sunlight	Fiat	./.	www.sunlight.de
Tourne	Peugeot	./.	www.tourne-mobil.com
Vantourer	Fiat	./.	www.vantourer.de
Volkswagen	Volkswagen	./.	https://www.volkswagen-nutzfahrzeuge.de
Weinsberg	Fiat	Fiat	https://weinsberg.com
Westfalia	Fiat, Ford, MAN und Mercedes-Benz	./.	www.westfalia-mobil.com
XGO	Fiat	./.	https://www.reisemobil-discount.de/

ABGEBILDETES ZUBEHÖR

Die Internetadressen in Klammern verweisen auf die Firma, die genau dieses abgebildete Produkt herstellt oder vertreibt. Es gibt meist noch andere Firmen, die dasselbe oder ein ähnliches Produkt im Programm haben.

DER WOHNRAUM

SCHLAFZIMMER

- Seite 48: oben Flexima Standard (www.matratzeoffroadcamping.de); unten SleepMyWay von Schwäbische Traum-Fabrik (www.traum-fabrik.de)
- Seite 49: Spannbettlaken nach Maß (www.bettwaren-shop.de)

TOILETTE

- Seite 68: SOG Typ H (www.sog-systeme.de)

KÜHLSCHRÄNKE

- Seite 83: links Dometic RC 10.4 70, rechts Dometic RC 10.4 90 (www.dometic.com)
- Seite 84: oben Dometic RM 5330 I Absorber, Radkastenmodell; unten Dometic RC 10.4
- Seite 86: Dometic RM 5330 I Absorber, Radkastenmodell
- Seite 86: Titan Technology Doppel-Gebläse TTC SC 22 (www.titan-tech.de)
- Seite 87: Titan Technology Winterabdeckung LS 200 (www.titan-tech.de)

RUND UM FENSTER UND LUKEN

- Seite 111: Pyramidenschaumstoff Ecio-Line 6 cm (www.schaumstofflager.de)

STROMVERSORGUNG

BATTERIEN

- Seite 124: Bosch Ecoline EA 08, 70 Ah, 760 A (www.boschcarservice.com)
- Seite 126: Victron AGM-Batterie, 90 Ah (www.victronenergy.de)
- Seite 127: Liontron LiFePO4 150 Ah (www.liontron.de)

LADEBOOSTER

- Seite 130: Votronic VCC 1212-50, 50 A (www.votronic.de)

SOLARANLAGE

- Seite 131: NDS PSM 100, 100 Wp (www.ndsenergy.de)
- Seite 132: Büttner Power Line (www.buettner-elektronik.de)
- Seite 133: Victron SmartSolar MPPT 100/50 (www.victronenergy.de)
- Seite 133: Büttner CIS Line (www.buettner-elektronik.de)

BEDIENPANELS UND ANZEIGEN

- Seite 135: Votronic LCD-Batterie-Computer S mit Smart-Shunt (www.votronic.de)

LICHT

- Seite 137: Basis: Dometic Schienenspot mit Schalter, Leuchtmittel HighPower LED MR11 GU4

WECHSELRICHTER

- Seite 138: Büttner MT 1200 SI (www.buettner-elektronik.de)
- Seite 138: Hama Universal-Notebook-Netzteil für Pkw (www.hama.de)

STROMGENERATOR UND BRENNSTOFFZELLE

- Seite 139: Efoy 80 (www.my-efoy.com)

GASVERSORGUNG

- Seite 148: Truma Duo Control CS samt Gasfilter (www.truma.com)

HEIZUNG

- Seite 152: Truma Combi 4 (www.truma.com)

KLIMAANLAGE

- Seite 156: Dometic Freshjet 1700 (www.dometic.com)
- Seite 157: Hindermann Sonnenschutzmatte Screen (www.hindermann.de)

WASSERVERSORGUNG

- Seite 159: Reich Power Jet Plus (www.reich-web.com)
- Seite 160: Lilie Soft 7 (www.lilie.com)

ENTERTAINMENT

- Seite 161: Kathrein BZD 40 (www.kathrein-ds.com)
- Seite 162: oben Kathrein HDP 750; unten Kathrein HDP 650 GPS
- Seite 164: Netgear Nighthawk M1 (www.netgear.com)
- Seite 164: Caratec CET300R (www.caratec.de)
- Seite 165: Garmin Camper 780 MT-D (www.garmin.com)
- Seite 165: Kenwood DNX451RVS (www.kenwood.de)

WAS MUSS MIT?

- Praktische Helferlein für unterwegs
- Seite 194: Dometic Gas Checker GC 100 (www.dometic.com)
- Seite 194: bite away (www.bite-away.com) und Petzl Stirnlampe Swift RL (www.petzl.com)
- Seite 195:
  1. Fiskars Klappspaten (www.fiskars.com)
  2. Halder Baseplex EH 3968 (www.halder.com)
  3. Wera Zyklop Speed-Knarrensatz 1/4-Zoll-Antrieb (www.wera.de)
  4. Fiskars Freizeitbeil X5 (www.fiskars.com)
  5. Knipex Zangenschlüssel 150 mm (www.knipex.de)
  6. Hazet Kombizange 1850 hochglanzverchromt (www.hazet.de)
  7. Knipex Alligator Wasserpumpenzange 250 mm (www.knipex.de)
  8. Wiha26one (www.wiha.com)

SICHERHEIT IM CAMPER VAN

- Seite 196: camper protect Fahrer- und Beifahrertürverriegelung (www.camperprotect.de)
- Seite 197: oben camper protect Diskus-Schloss zur Außensicherung der Schiebetür; unten camper protect Hecktürverriegelung
- Seite 198 und 199: womo-sicherheit Womo-SP (www.womo-sicherheit.de)

BILDNACHWEIS

Alle selbst fotografierten Bilder: Finn Allner; Grundriss-Illustrationen: Michael Allner

Für die freundliche Überlassung von Fotomaterial danke ich (in alphabetischer Reihenfolge):

Adria Mobil: Seiten 34, 52, 53, 155, 184/185, 186/187
Ahorn Camp GmbH & Co. KG: Seite 63
Bürstner GmbH & Co. KG: Seiten 78, 79, 92, 93, 113, 144/145, 237
Büttner Elektronik GmbH: Seiten 132, 133, 138
camperprotect: Seiten 196, 197
Caratec GmbH: Seite 164
Citroën Deutschland GmbH: Seite 241
Concorde Reisemobile GmbH: Seiten 174/175
CS-Reisemobile Vertriebs GmbH: Seite 24
Daimler AG: Seiten 136, 168, 220, 221
Dethleffs GmbH & Co. KG: Seiten 107, 205
Dometic Germany GmbH: Seiten 82, 83, 84, 86
Dümo Reisemobile GmbH & Co. KG: Seiten 207, 211
Erwin Hymer Group: Seiten 12/13, 16, 23, 50, 51, 62, 112, 173, 233, 234, 235
Eura Mobil GmbH: Seiten 15, 24, 25, 64, 106, 107, 121, 204, 205
Eurocaravaning GmbH & Co. KG: Seiten 28, 74, 148
Evoservice GmbH: Seiten 198, 199
FCA Germany GmbH: Seite 219
Frankia-GP GmbH: Seiten 29, 100, 115
freecamper, Eric Stelzer; Seite 240
Fritz Berger GmbH: Seite 134
Garmin Deutschland GmbH: Seite 165
Giottiline Z.I.: Seiten 54, 56
Globe-Traveller RV Sp.Zo.O.SP.J: Seite 122
Goldschmitt techmobil GmbH: Seite 181
Happel Ingenieurbüro für Fahrzeugtechnik: Seite 210
Hobby-Wohnwagenwerk, Ing. Harald Striewski GmbH: Seiten 46, 146
Kabe AB: Seite 123
Kathrein Digital Systems GmbH: Seiten 161, 162
Knaus Tabbert AG: Seiten 7, 9, 39, 57, 58, 65, 95, 104, 116, 117, 170, 171, 172
Laika Caravans s.p.a.: Seiten 26, 67
La Strada Fahrzeugbau GmbH: Seiten 19, 38, 40, 41, 42, 43, 44, 45, 60, 61, 105, 108, 109, 200/201, 204
Laika Caravans s.p.a: Seiten 26, 51
Lilie GmbH & Co. KG: Seite 160
Liontron GmbH & Co. KG: Seite 127
Maier's Bettwaren GmbH: Seite 48
Mega tekstil d.o.o.: Seiten 47, 51, 99, 119, 204
Netgear: Seite 164
PlugVan: Seiten 238, 239
Pössl Freizeit und Sport GmbH: Seiten 6, 7, 9, 10, 21, 23, 27, 35, 47, 55, 59, 75, 76/77, 90, 91, 101, 102/103, 114, 116, 118, 147, 154
Rapido SAS: Seiten 10, 27, 36, 37, 41, 73, 88, 94, 99, 171, 245
Reich GmbH: Seite 159
Robert Bosch GmbH: Seiten 124
Robeta d.o.o.: Seiten 8, 63, 80, 98, 156
SFC Energy AG: Seite 139
Sog Systeme GmbH & Co. KG: Seite 68
Sun Living: Seiten 96, 97
Titan Technology GmbH: Seiten 86, 87
Truma Gerätetechnik GmbH & Co. KG: Seite 152
Vanufaktur GmbH & Co. KG: Seite 69
Victron Energy B.V.: Seiten 125, 133
Vöhringer GmbH & Co. KG: Seite 236
Volkswagen AG: Seiten 15, 22, 49, 61, 73, 80, 115, 166, 167, 169, 222, 223
www.matratzeoffroadcamping.de: Seite 48
Votronic Electronik-Systeme GmbH: Seiten 130, 135
Westfalia Mobil GmbH: Seiten 14, 31, 32/33, 72, 89, 106, 119, 120

STICHWORT-VERZEICHNIS

DANKE

An erster Stelle einen großen Dank an meine Frau Antje, die wie bei jedem meiner Bücher das Manuskript penibel durchgeackert hat. Und dafür, dass sie das Kapitel »Stellplatzführer und Camping-Apps« recherchierte.

Mein Sohn Finn verbrachte viel Zeit damit, Details von und in Camper Vans zu fotografieren – danke dafür.

Danke an die vielen Hersteller, die mich professionell und freundlich mit Bildmaterial für dieses Buch versorgten.

Und zum Schluss Danke an die Entwickler von Inkscape, einer hervorragenden kostenlosen Software zur Erstellung von Vektorgrafiken, mit der ich die Grundrisse in diesem Buch gezeichnet habe. Und einen großen Dank an die dazugehörige community, die blitzschnell half, wenn ein blutiger Anfänger mal wieder nicht weiterwusste.

Familiensaga: Auch dieses Buch entstand wieder mit tatkräftiger Unterstützung meiner Frau Antje und meines Sohnes Finn.

Berger
Alles für den Campervan!
Jetzt Ausstattung bei Berger holen!
10 € FÜR SIE GESCHENKT!*
GLEICH GUTSCHEIN EINLÖSEN!
Aktionscode bei der Bestellung angeben, oder Gutschein in einer Filiale abgeben!
Aktionscode: 999999GD
* Für Ihren Warenwert ab 50 €. Ausgenommen Gas, Bücher und beim Kauf von Geschenk-Gutscheinen. Je Kunde nur ein Gutschein einlösbar. Nicht mit anderen Aktionen oder Gutscheinen kombinierbar. Weitergabe an Dritte und Veröffentlichung des Gutscheincodes untersagt.
Gültig bis 31.12.2022.
www.fritz-berger.de

WEITERE INTERESSANTE BÜCHER ZUM THEMA

Der Autor vermittelt anschaulich, warum man welche Werkzeuge in welchen Größen braucht und wie man damit umgeht - nicht in theoretischen Abhandlungen, sondern untermauert mit handfesten Tipps aus der Praxis.

272 Seiten, 400 Abb., 170 x 240 mm

ISBN 978-3-613-50881-1

€ 29,90 / € (A) 30,80

Camping ist keine Frage des Alters, sondern der Lebenseinstellung. Ein Wohnmobil ist für alles zu gebrauchen und sich für nichts zu schade. Dieses launig illustrierte und noch besser geschriebene Campingbuch vermittelt beinahe so viel Spaß wie ein ausgedehnter Campingbus-Urlaub.

352 Seiten, 400 Abb., 163 x 234 mm

ISBN 978-3-613-04424-1

€ 29,90 / € (A) 30,80

Wer unbeschwert verreisen möchte, findet in diesem Ratgeber passende Anregungen, um das Reisen mit Wohnmobil, Caravan und Geländewagen nachhaltiger zu gestalten. Michael Scheler greift darin zentrale Themen auf, wie Abfallvermeidung, richtige Fahrzeugbeladung, oder vorausschauendes und treibstoffsparendes Fahren.

160 Seiten, 140 Abb., 170 x 240 mm

ISBN 978-3-613-50915-3

€ 19,95 / € (A) 20,60

Wer sein Reisemobil nach eigenen Wünschen und kostengünstig ausstatten möchte, dem liefert dieser Ratgeber das nötige Know-how. Gemütlich, Praktisch und robust soll das Fahrzeug sein. Dieses Buch hilft dabei, die richtigen Entscheidungen zu treffen und den Selbstausbau erfolgreich umzusetzen.

320 Seiten, 500 Abb., 170 x 240 mm

ISBN 978-3-613-50922-1

€ 29,90 / € (A) 30,80

Leseproben zu allen Titeln auf unserer Internetseite

Motor buch Verlag

Stand März 2022
Änderungen in Preis und Lieferfähigkeit vorbehalten.

Überall, wo es Bücher gibt, oder unter
WWW.MOTORBUCH-VERSAND.DE
Service-Hotline: 0711 / 78 99 21 51

www.facebook.com/MotorbuchVerlag